中国地质大学(武汉)实验教学系列教材

计算机图形学实习教程

JISUANJI TUXINGXUE SHIXI JIAOCHENG

郭际元　曾文　龚君芳　编著

中国地质大学出版社有限责任公司
ZHONGGUO DIZHI DAXUE CHUBANSHE YOUXIAN ZEREN GONGSI

本实习教材的特点：一是具有适当的理论性和系统性，在配合理论教材学习的基础上，帮助学生更好地掌握计算机图形学理论和方法；二是针对计算机图形学课程实践性强的特点，在内容组织上，尽可能让学生容易上手，较为顺利地完成实习内容，从而提高学生编写计算机图形软件的能力；三是通过附录简要介绍了C语言绘图方法和OpenGL环境中实现画图的方法，能给在其他环境实现画图的人员以参考。

本书中，郭际元负责第六、第七、第八章及附录一的撰写，曾文负责第二、第三、第四章的撰写，龚君芳负责第一、第五章及附录二的撰写。本书的撰写还要感谢敖卿鑫、潘永婷、柯尊林、李雄、字政专等同学，他们分别参与了部分计算机图形学实例的编程实现工作。

本书是我们多年来科研和教学经验的总结。由于水平有限，错误和不当之处在所难免，敬请读者批评指正。

编　者

2012年3月

目　录

第一章 实习导引

1.1 实习教程简介

计算机图形学是一门实践性很强的学科，如果仅仅是通过课上介绍原理和算法，学生很难真正学好这门课程，在今后的实践过程中也很难学以致用。

多年教学经验告诉我们，要想使学生通过几十个学时的学习较好地掌握计算机图形学的基本理论，并具备一定的实际编程能力，就需要一本具有系统性和实用性的实习教材来配合高校计算机图形的教学。本教材正是出于这个目的而编写。

本书在第一部分共安排了8个实习，实质体现了计算机图形学的几个研究方面。每个实习都针对其研究方面介绍了一些常用算法，并对读者提出了实习要求。读者可在本教材的提示下完成实习内容，我们也提倡读者在本教材的基础上，提出自己的算法思想以及实现方法。

本书的第二部分是附录部分，该部分的内容包括C语言环境下画像素的方法以及Open GL环境下画图的方法。附录部分是对理论教材的一些补充，以帮助学生提高实际动手能力。

1.2 实习要求

本实习教程一共有8个实习(其中包括实习导引)，每个实习有2～5个小题。教学过程中，可根据不同层次、不同专业学生的实际情况选做4～5个实习，每个实习又可只选做其中的1～2个题目的基本要求或提高要求。实习过程中具体要求如下。

(1)问题分析。充分地分析和理解问题本身，弄清要求做什么，用什么算法。

(2)程序设计。根据所采用的算法，设计数据结构，画出流程图并编程。最后准备调试程序的数据及测试方案。

(3)上机调试。对程序进行编译，纠正程序中可能出现的语法错误。调试前，先运行一遍程序看看究竟将会发生什么。如果情况很糟，根据事先设计的测试方案并结合现场情况进行错误跟踪，包括打印执行路径、输出中间变量值等手段。

(4)整理实习报告。实习报告内容包括如下几方面。

1)问题描述：包括目标、任务、条件约束描述等；

2)设计：数据结构设计和核心算法设计，主要功能模块的输入，处理(算法框架)和输出；

3)测试范例：显示测试结果(包括图和数据)，对测试结果进行分析讨论，测试过程中遇到的主要问题及所采用的解决措施；

4)心得：包括程序的改进设想、经验和体会；

5)程序清单:应包括详细的注释。

1.3 实习环境介绍

1.3.1 VC++环境下实现图形显示

【目标】

1. 了解如何用 MFC 函数来绘图;
2. 熟悉 MFC 编程基本知识,包括消息映射,鼠标、菜单的使用;
3. 熟悉类的定义、构造、编写;
4. 熟悉数据的保存。

【内容】

1. 用鼠标在窗口上绘制一组直线段;
2. 自己实现直线类 Line,用来保存每条直线段的起点、终点,及自身的绘制;
3. 实现菜单上的 Undo 功能;
4. 完成所绘图的保存。

【实现步骤】

一、建立绘图程序框架

在 VC++环境下开发绘图程序,实现图形显示的第一步是使用 MFC Application Wizard 来建立绘图程序的基本框架,具体步骤如下:

(1)从"File"菜单选择"New"菜单项,再选择"Project",弹出"New Project"对话框,如图 1.1 所示;

(2)在图 1.1 所示对话框中,左侧"Project types"选项中选择"MFC",右侧"Templates"选项中选择"MFC Application",在"Name"编辑框中输入绘图程序的名字,这里设定为 Graphics Exp,其他采用默认值;

(3)单击"OK"按钮,弹出如图 1.2 所示"MFC Application Wizard"对话框,缺省情况下是多文档类型;

(4)在图 1.2 所示对话框中单击左侧的"Application Type",得到图 1.3 所示对话框,选择右侧的"Single document"单选钮,表示要生成一个单文档(SDI)绘图程序,单击"Finish"按钮,表示使用随后的各项默认设置,MFC Application Wizard 自动生成绘图程序的各项源文件。

Application Wizard 自动生成了完整的应用程序的基本框架,你可以立即单击"Build"菜单的"Build Graphic Exp"菜单项,进行编译和链接,然后运行该应用程序,你可以看到该程序是一个标准的 Win 32 应用程序,它包含有标题、菜单栏、工具栏和状态栏,之后可以操作许多命令。当然,因为你还没有给这个程序添加任何自己的代码,所以它还不能作出任何有实际意义的操作。

二、在屏幕上画图

为了能用鼠标在屏幕上作图(画线),当然必须要控制鼠标。控制鼠标的方法就是对鼠标消息进行映射,在鼠标消息的处理函数中加上画线的代码,这是实现用鼠标在屏幕上画图的基

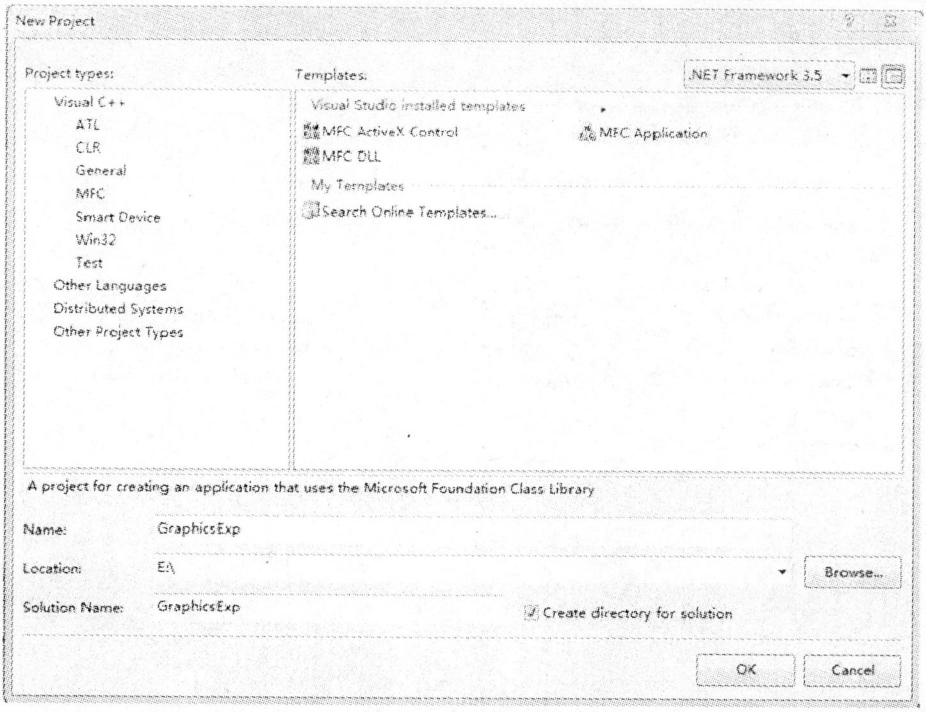

图 1.1　New Project 对话框

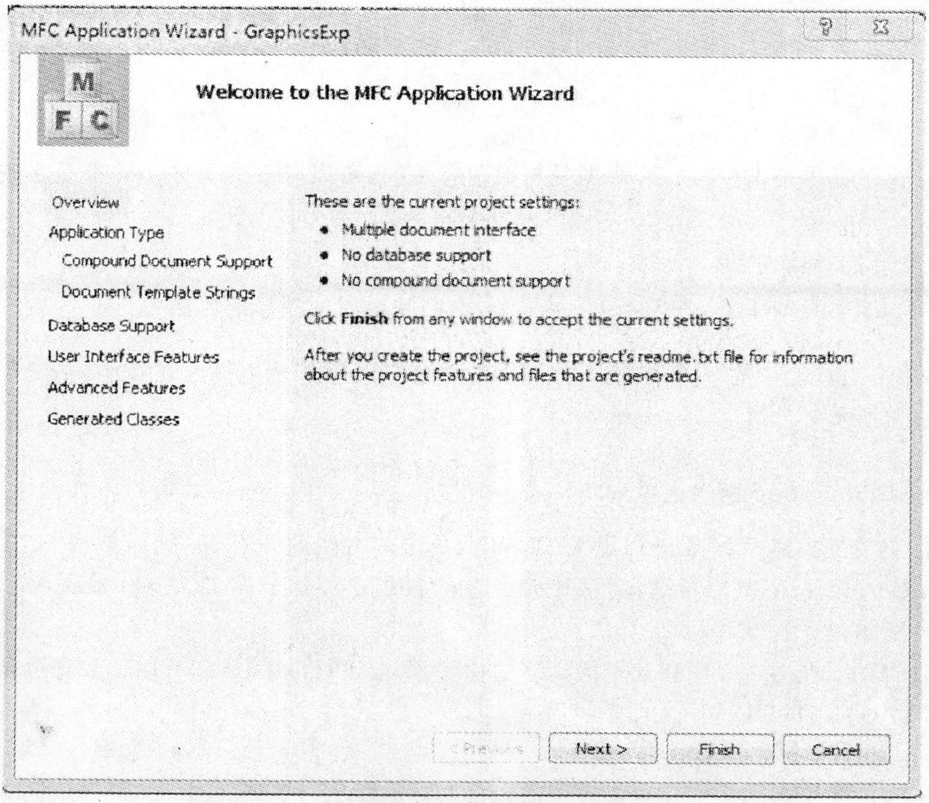

图 1.2　MFC Application Wizard 对话框

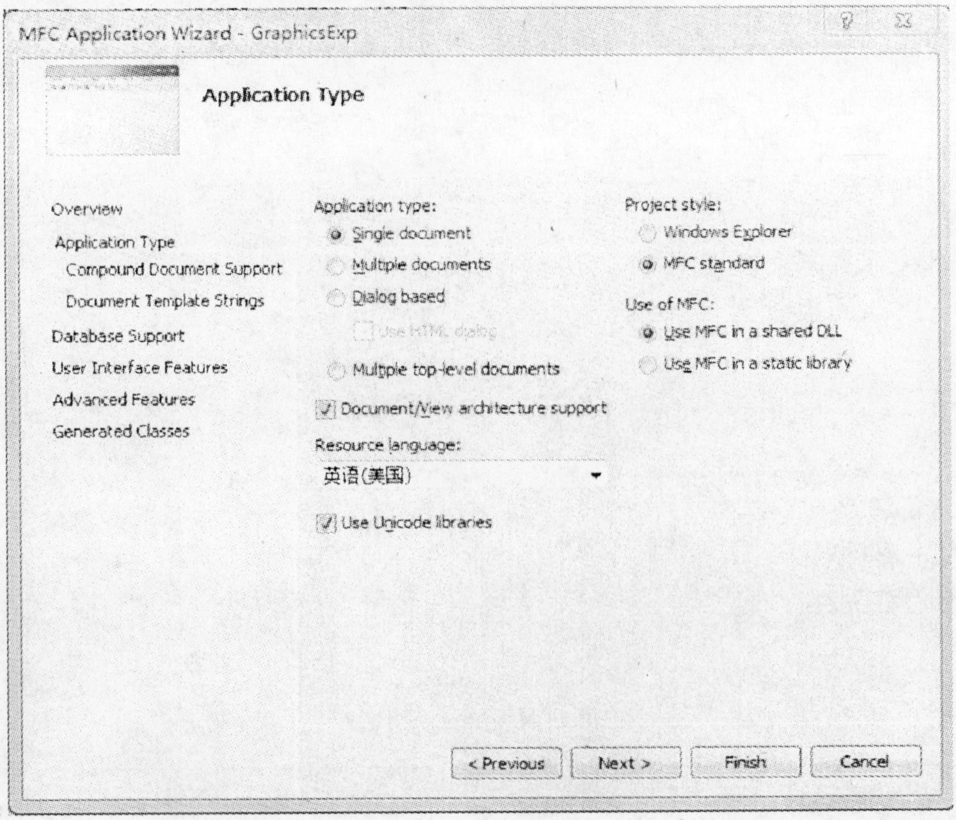

图 1.3　Application Type

本思路。由于在屏幕上(空白区)画图是与视图有关的,所以以下的具体步骤都是在视图类中进行的。

1. 映射鼠标消息

在 Visual Studio 2008 中没有 ClassWizard,则映射鼠标消息的方法为:

(1)单击工具栏中的“Properties Window”按钮 ,在屏幕上会出现“Properties”窗口,如图 1.4 右侧所示;

(2)在“Properties”窗口区单击“Messages”按钮 ,“Properties”窗口将如图 1.5 所示,单击鼠标左按钮找到 WM_LBUTTONDOWN,单击其右侧的  按钮,然后单击“＜Add＞On Lbutton Down”,按下鼠标左键,消息映射处理函数成功添加到了 CGraphicsExpView 类中,如图 1.6 所示;

(3)同样地,在图 1.5 中移动鼠标到新的位置添加 WM_MOUSEMOVE 和释放鼠标左按钮 WM_LBUTTONUP。

2. 在视图类中添加数据成员

接着要向视图类中添加数据成员以便存放鼠标的状态、位置和光标形状。为此,打开文件 GraphicsExpView. h,将以下语句添加到 CGraphicsExpView 类定义中:

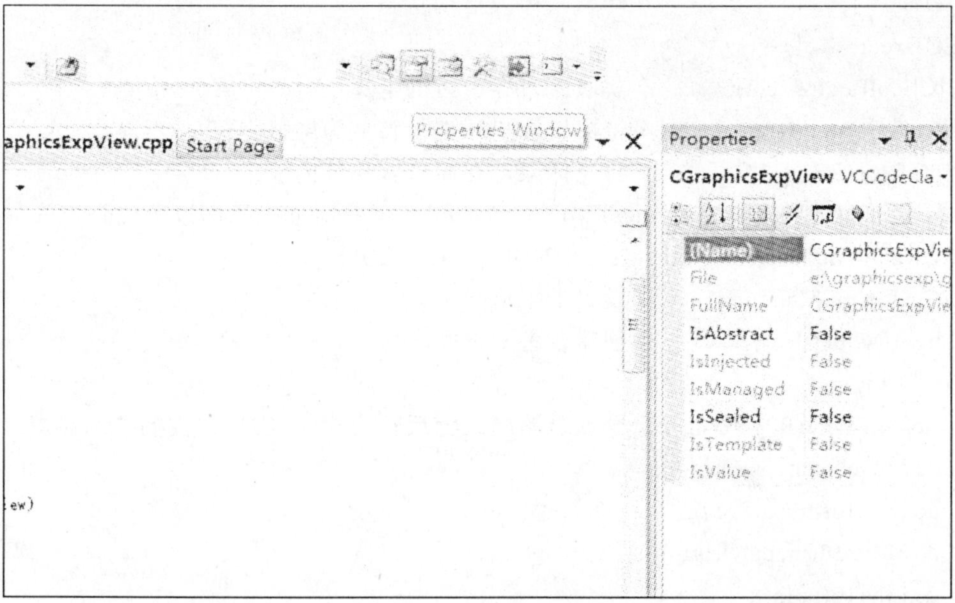

图 1.4　Properties 窗口

图 1.5　Properties 窗口－Messages

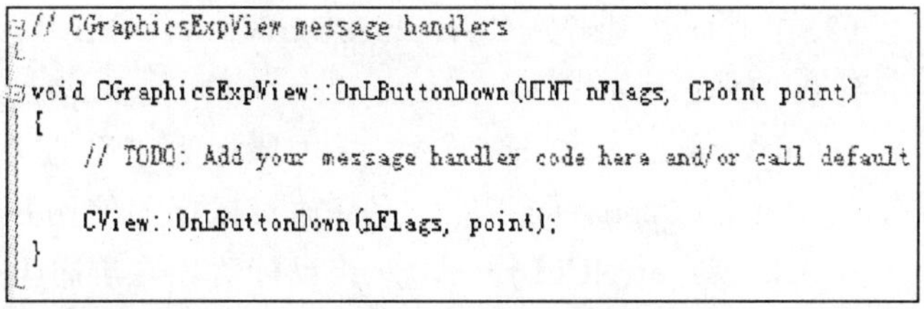

图 1.6　消息映射函数

```
protected:
    int m_Drag;
    CPoint m_pntPrev;
    CPoint m_pntOrigin;
```

接着，打开文件 GraphicsExpView.cpp，将以下代码添加到 CGraphicsExpView 类的构造函数中，以便初始化数据成员 m_Drag：

```
    m_Drag=0;
```

3. 添加消息处理函数代码

映射鼠标消息后，接着添加自己的消息处理代码，以便能在视图窗口中画直线。

(1)在消息处理函数 CGraphicsExpView::OnLButtonDown 的基本定义中添加以下代码：

```
m_pntPrev=point;            //保存鼠标光标的当前位置
m_pntOrigin=point;          //保存画线的起始位置。
SetCapture();               //使随后的鼠标消息都被送往视图窗口
```

```
m_Drag=1;                    //标志鼠标为拖动状态
RECT rect;
GetClientRect(&rect);        //获取窗口客户区的坐标
ClientToScreen(&rect);       //将窗口客户区坐标转换为屏幕坐标
ClipCursor(&rect);           //将光标限定在窗口客户区内
```

(2)在消息处理函数 CGraphicsExpView::OnMouseMove 中添加以下代码：

```
HCURSOR m_hCursor=LoadCursor(NULL,IDC_CROSS);
SetCursor(m_hCursor);        //设置十字形光标
CClientDC dc(this);          //创建设备上下文环境
if (m_Drag)
{   dc.SetROP2(R2_NOT);   //设置绘图模式为反转模式,以实现橡皮筋技术设置
    dc.MoveTo(m_pntOrigin);
    dc.LineTo(m_pntPrev);
    dc.MoveTo(m_pntOrigin);
    dc.LineTo(point);
    m_pntPrev=point;
}
```

(3)在消息处理函数 CGraphicsExpView::OnLButtonUp 中添加以下代码：

```
if (m_Drag)
{   m_Drag =0;               //标志鼠标为非拖动状态
    ReleaseCapture();        //释放对鼠标的使用并恢复正常输入
    ClipCursor(NULL);        //让鼠标可以在屏幕上任意移动
}
```

4. 定制视图窗口

在缺省情况下,创建视图窗口时视图窗口的背景颜色为当前窗口的背景颜色,光标形状为箭头光标。如果在视图窗口内移动鼠标,则十字形光标和箭头光标将交替闪烁显示;如果当前窗口背景为黑色,则所画的直线几乎看不见。因此,有必要修改窗口特性,方法为在 CGraphicsExpView 的成员函数 PreCreateWindow 中添加以下代码：

```
    cs.lpszClass=AfxRegisterWndClass(CS_HREDRAW| CS_VREDRAW,0,
(HBRUSH)::GetStockObject(WHITE_BRUSH),0);
```

5. 建立并运行程序,用鼠标在其中画各种直线,如图 1.7 所示。

三、定义直线类并在文档类中保存直线

上述程序运行后可以在用户区绘制直线了,但当移动窗口或改变窗口大小时,屏幕上的图形立即不见了。之所以会出现这种问题,主要是由于当窗口改变时,应用程序首先清除屏幕,然后调用视图类的 OnDraw 成员函数重新绘制窗口。但前面的步骤中,我们还没有保存所画直线的代码。为此,必须在文档类中添加能存放直线的文档数据。对于用户在视图窗口中所画的直线,可以在文档中添加数据成员来存放直线的坐标,以便在重画窗口时可以恢复直线。

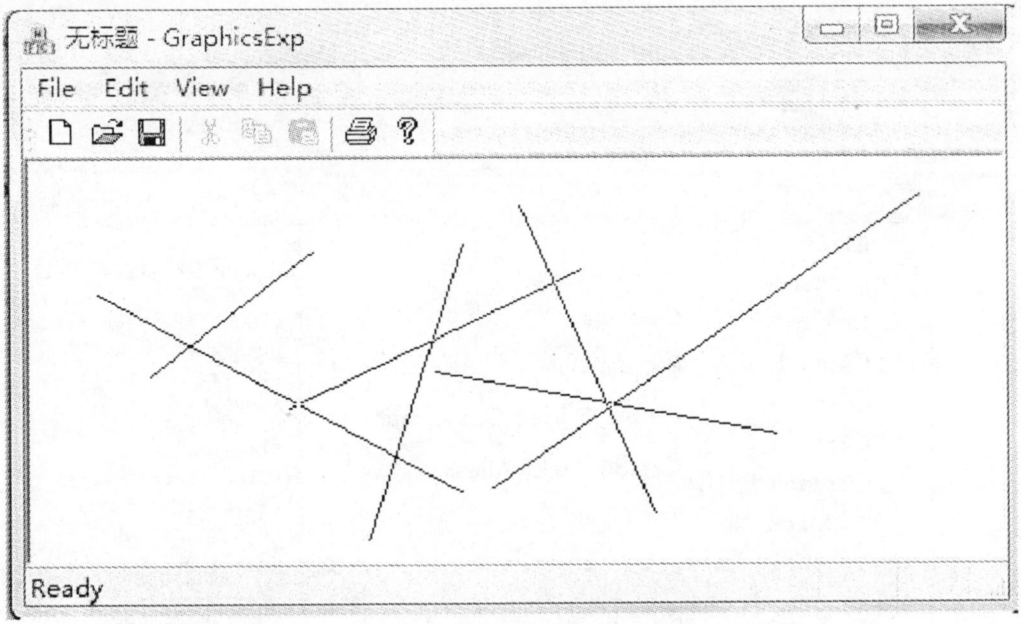

图 1.7　运行结果图

1. 定义直线类

(1)添加新类 Line 来存放直线的坐标。

如图 1.8 所示，在类视图"Class View"中根节点 GraphicsExp 上单击鼠标右键，在弹出的快捷菜单 Add 中选择"Class..."，弹出对话框如图 1.9 所示。

在图 1.9 所示对话框中，在左侧"Categories"中选择"C++"，单击"Add"按钮，弹出如图 1.10所示对话框。在"Class name"类名处输入 Line，单击"Finish"按钮。

在 Line.h 头文件中添加如下成员变量和成员函数：

```
CPoint m_pntStart;        //存放直线的起点坐标
CPoint m_pntEnd;          //存放直线的终点坐标
Line(CPoint pntStart, CPoint pntEnd);
void DrawLine(CDC * pDC);//画直线
```

在 Line.cpp 实现文件中添加如下代码：

```
Line::Line(CPoint pntStart, CPoint pntEnd)
{   m_pntStart=pntStart;
    m_pntEnd=pntEnd;
}
voidLine::DrawLine(CDC * pDC)
{   pDC->MoveTo(m_pntStart);
    pDC->LineTo(m_pntEnd);
}
```

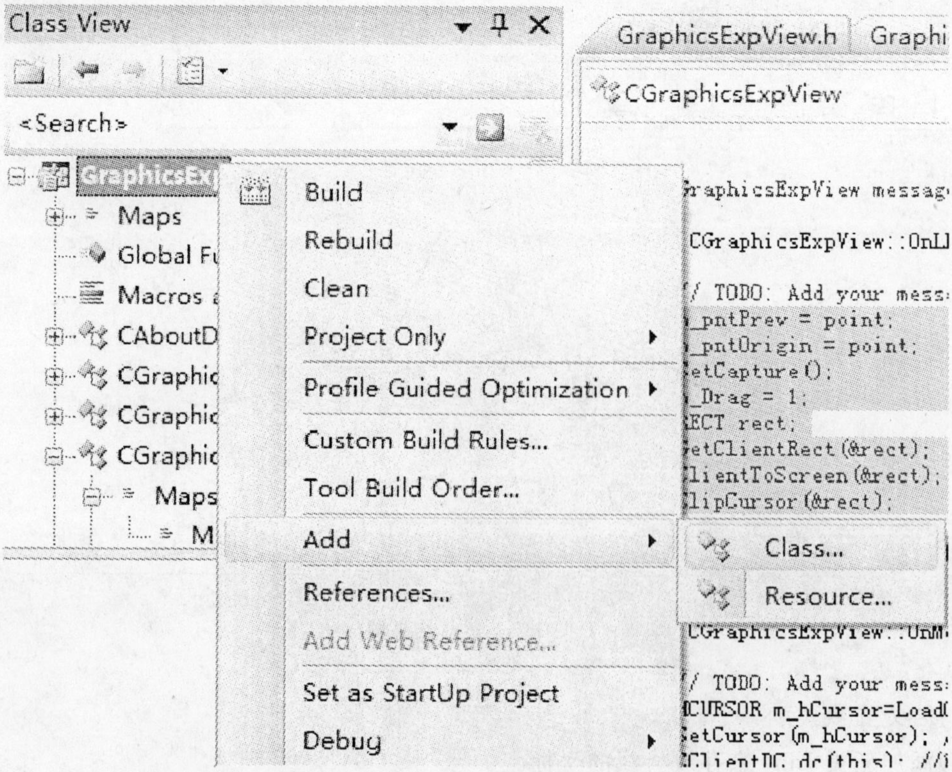

图 1.8　添加新类

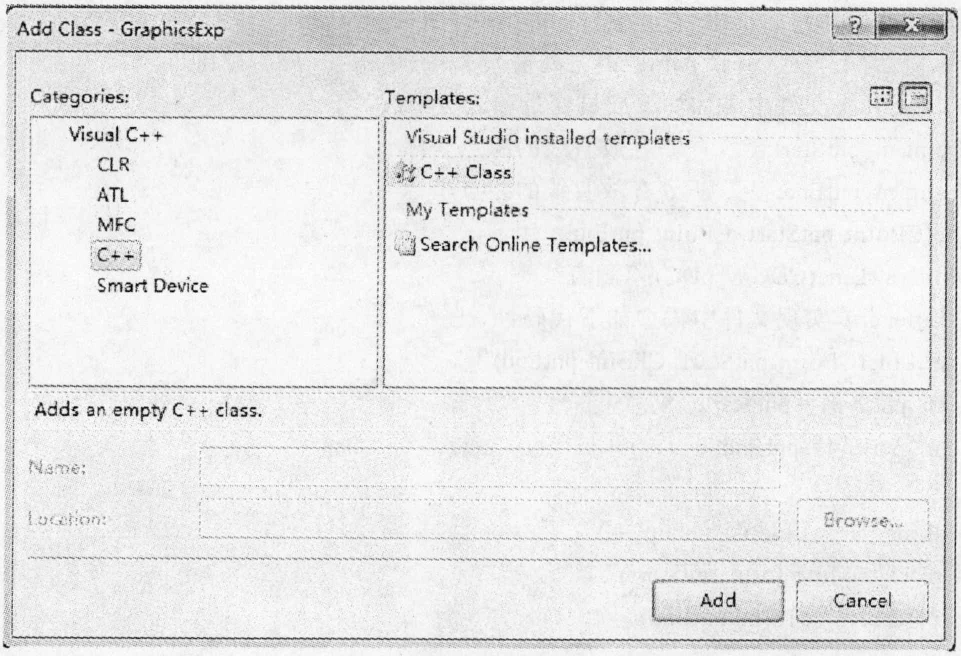

图 1.9　Add Class 对话框

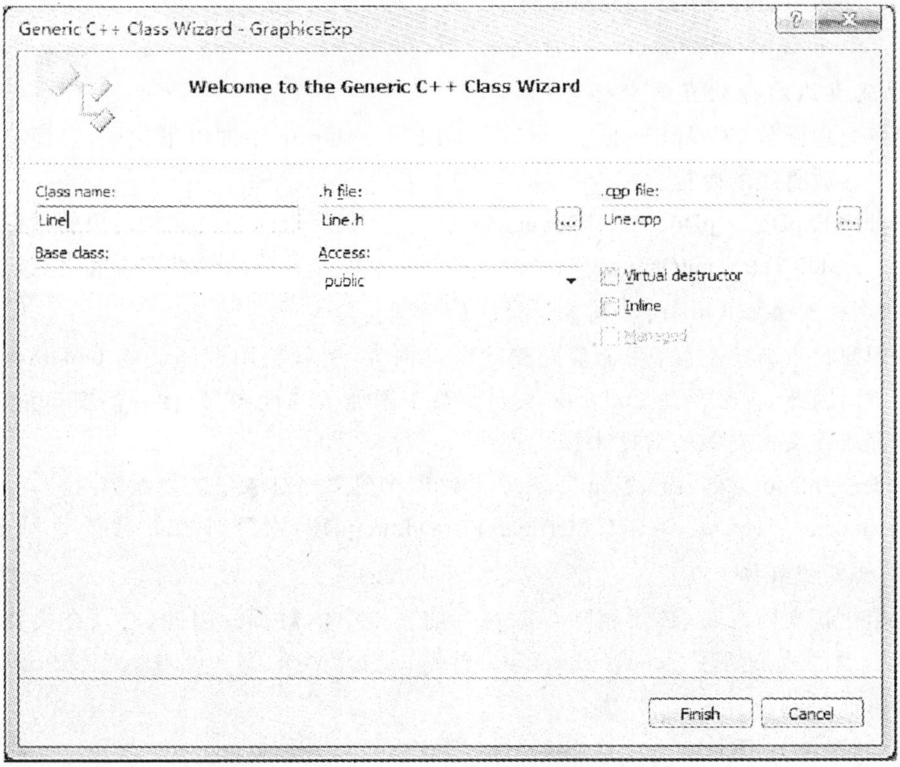

图 1.10　设置新类属性

(2)在 GraphicsExpDoc. h 文件中包含头文件，代码如下：

```
# include "Line.h"
# include <vector>
using namespace std;
```

并在 CGraphicsExpDoc 类中添加如下代码：

```
protected:
    vector <Line> m_vLines;//存放直线
public:
    void AddLine(CPoint pntStart, CPoint pntEnd);
    Line GetLine(int index);
    int GetLineNumber();
```

(3)在 GraphicsExpDoc. cpp 文件中添加如下代码：

```
void CGraphicsExpDoc::AddLine(CPoint pntStart, CPoint pntEnd)
{   m_vLines.push_back(Line(pntStart, pntEnd));   }

Line CGraphicsExpDoc::GetLine(int index)
{       return m_vLines.at(index);       }
```

```
int CGraphicsExpDoc::GetLineNumber()
{       return m_vLines.size();       }
```

2. 画完直线后存放直线坐标

在消息处理函数 CGraphicsExpView::OnLButtonUp 中添加以下代码，以便在画完直线释放鼠标时存放直线的坐标。

```
CGraphicsExpDoc * pDoc=GetDocument();          //获得指向当前文档对象的指针
pDoc->AddLine(m_pntOrigin, point);             //保存直线的起点坐标和终点坐标
```

3. 修改视图类的 OnDraw 成员函数

在视图窗口重新绘制时，系统首先删除窗口内容，然后调用视图类的 OnDraw 成员函数来重新绘制。因此，有必要在 OnDraw 成员函数中添加下列代码，以便视图窗口重新绘制时，可以根据存放在文档类中的数据来恢复直线。

```
int index=pDoc->GetLineNumber();//得到存放在文档对象中的直线数
while (index--)    pDoc->GetLine(index).DrawLine(pDC);//得到 Line 对象，并画出直线
```

4. 删除文档数据

在初始化新文档之前，必须删除存放在当前文档中的数据。因此，必须在文档类中覆盖 CDocument 类的成员函数 DeleteContents。首先，在文档类的头文件 GraphicsExpDoc. h 中添加以下代码：

```
    virtual void DeleteContents();
```

然后，在文档类的实现文件 GraphicsExpDoc. cpp 中添加以下代码：

```
    void CGraphicsExpDoc::DeleteContents()
    {    m_vLines.clear();    }
```

四、实现 Undo 功能

为了可以使用 Edit 菜单下 Undo 命令撤销最后画的一条直线，必须定义选择 Undo 命令时接收控制的消息处理函数。

在文档类 CGraphicsExpDoc 中使用 ClassWizard 来映射菜单 ID_EDIT_UNDO 的 COMMAND 消息和 UPDATE_COMMAND_UI 消息，如图 1. 11 所示。

在生成消息处理函数后，ClassWizard 自动在头文件 GraphicsExpDoc. h 和实现文件 GraphicsExpDoc. cpp 中添加菜单 ID_EDIT_UNDO 的处理函数声明、消息映射条目和消息处理函数的基本定义。

接着添加自己的消息处理代码，以便实现 Undo 功能。

(1)在消息处理函数 CGraphicsExpDoc::OnEditUndo 中添加以下代码：

```
void CGraphicsExpDoc::OnEditUndo()
{       // TODO: Add your command handler code here
        int index;
        index=m_vLines.size()-1;
        if(index>=0){ m_vLines.pop_back();}
        UpdateAllViews(NULL);
```

SetModifiedFlag();// 设置修改标志

}

(2)在消息处理函数 CGraphicsExpDoc::OnUpdateEditUndo 中添加以下代码：

pCmdUI->Enable(m_vLines.size());// 仅当至少有一条直线时 Undo 命令才有效

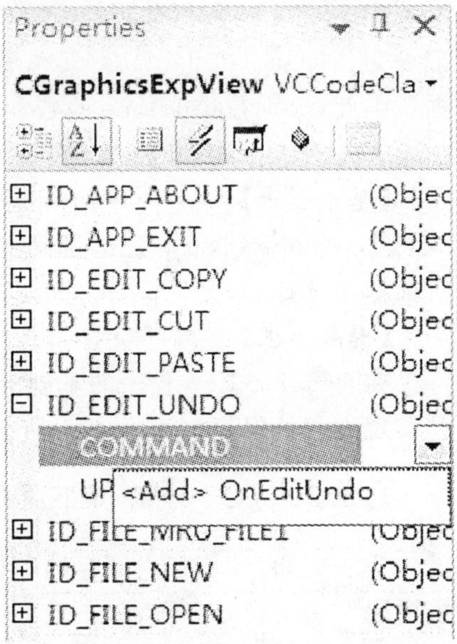

图 1.11　添加 Undo 事件处理函数

五、实现文件保存和打开

为了永久保存用上述程序画的直线，必须进行文档的串行化处理。文档数据的串行化是由文档类的成员函数 Serialize 处理的，在 MFC AppWizard 生成应用程序的基本结构时已经定义了 Serialize 函数的基本框架，我们只需往基本框架中添加文档数据的实际读写代码。

1. 往文档类中添加串行化代码

```
void CGraphicsExpDoc::Serialize(CArchive& ar)
{    long i;
     if (ar.IsStoring())
     {    // TODO: add storing code here
          ar≪m_vLines.size();
          for(i=0;i<m_vLines.size();i++)
          {   ar ≪ m_vLines[i].m_pntStart.x ≪ m_vLines[i].m_pntStart.y;
              ar ≪ m_vLines[i].m_pntEnd.x ≪ m_vLines[i].m_pntEnd.y;
          }
     }
     else
     {    // TODO: add loading code here
           int nNum;
           ar ≫ nNum;
           m_vLines.resize(nNum);
           for(i=0;i<nNum;i++)
           {   ar ≫ m_vLines[i].m_pntStart.x ≫ m_vLines[i].m_pntStart.y;
               ar ≫ m_vLines[i].m_pntEnd.x ≫ m_vLines[i].m_pntEnd.y;
           }
          }
     }
```

2. 设置修改标记

修改标记用于指示文档是否包含未保存的数据，该标记由 CDocument 类维护。当创建新的文档、打开已有文档或退出应用程序时，要检查修改标记。如果修改标记为 TRUE，将显示信息提示保存未保存的数据。首次打开文档并读入数据时，CDocument 将修改标记设为

FALSE。在文档数据被更改后，必须调用 CDocument 的成员函数 SetModifiedFlag 将修改标记设为 TRUE。在 GraphicsExp 程序中，只有添加直线或执行 Undo 命令时才会更改文档数据。因此，分别在 AddLine 函数和 OnEditUndo 函数的最后添加以下代码：

```
SetModifiedFlag();
```

【基本要求】

在 GraphicsExp 程序的基础上增加绘制有颜色和线型的直线的功能，其中颜色和线型从对话框中选择。

【提高要求】

在 GraphicsExp 程序的基础上增加绘制常用二维图形，如圆、椭圆、矩形、弧段等的功能，并实现它们的保存。

1.3.2　VC++环境下画像素的方法

众所周知，计算机内部存储和使用的数据是二进制数(由 0 和 1 组成)。目前我们使用的主要图形输出设备显示器(一般为光栅图形显示器)和打印机(点阵、喷墨、激光打印机)本质上是一种画点设备，是由一定数量的网格状细小光点(光点称为像素，光点的数量称为分辨率)组成，使其某些像素亮(二进制值为 1)，某些像素不亮(二进制值为 0)来显示图形或文字的。因此，所谓的基本图形生成原理是指在点阵输出设备的情况下，如何对一条斜的直线或曲线尽可能快地输出其最接近理想的直线或曲线，即如何以最快的速度确定最佳逼近于图形的像素集。

基本上，每种编程语言都会提供一个最低层的对显示设备的像素进行操作的函数。

如 C 语言中的 putpixel(x, y, color);

其中，x 和 y 指定像素的位置坐标，color 指定像素的颜色。

下面主要介绍在 VC++环境下如何画像素。

1. 使用 Windows API 函数

其原型为：

```
SetPixel(HDC hdc, int x, int y, COLORREF crColor);
```

其中，hdc 为设备上下文句柄，可由 GetDC 获得。x 和 y 指定像素的位置坐标，crColor 指定像素的颜色。

2. 使用 CDC 类的成员函数

其原型为：

```
SetPixel(int x, int y, COLORREF crColor);
```

其中，x 和 y 指定像素的位置坐标，crColor 指定像素的颜色。

使用方法：

生成一个单文档程序 GraphicsExp，在其视图类 CGraphicsExpView 的成员函数 OnDraw 中添加一行代码：pDC->SetPixel(100, 100, RGB(255, 0,0)); 运行程序，即可见在(100, 100)处生成了一个红色的像素点。

接下来，我们将重点介绍如何在我们自己编写的图形学算法程序中实现画像素。

方法一：成员变量法。即：将 CDC 类作为自己编写的图形学算法类 CGraphicDisp 的一个成员变量。

```
class CGraphicDisp
```

```
{ public:
    CDC * pDC;
    CGraphicDisp(CDC * poDC);
    void lineDDA(int x1, int y1, int x2, int y2, COLORREF crColor=RGB(255, 0, 0));
    …
};
CGraphicDisp::CGraphicDisp(CDC * poDC)
{  pDC=poDC;}
//自己写的 DDA 画直线算法
void CGraphicDisp::lineDDA(int x1, int y1, int x2, int y2, COLORREF crColor)
{  …
    pDC->SetPixel(ROUND(x), ROUND(y), crColor);
    …
}
```

具体使用：

生成一个单文档程序 GraphicsExp，在其视图类 CGraphicsExpView 的实现文件中包含 CGraphicDisp 的头文件，并在其成员函数 OnDraw 中添加如下代码：

```
CGraphicDisp mydisp(pDC);
mydisp.lineDDA(100, 100, 220, 240, RGB(255, 0, 0));
```

运行程序，即可见在屏幕上生成了一条红色的从点(100,100)到点(220, 240)的直线。

方法二：派生法。即：将 CDC 类作为自己编写的图形学算法类 CGraphicDisp 的基类。

```
class CGraphicDisp: public CDC
{  public:
    void lineDDA(int x1, int y1, int x2, int y2, COLORREF crColor=RGB(255, 0, 0));
    …
};
//自己写的 DDA 画直线算法
void CGraphicDisp::lineDDA(int x1, int y1, int x2, int y2, COLORREF crColor)
{  …
    SetPixel(ROUND(x), ROUND(y), crColor);
    …
}
```

具体使用：

生成一个单文档程序 GraphicsExp，在其视图类 CGraphicsExpView 的实现文件中包含 CGraphicDisp 的头文件，并在其成员函数 OnDraw 中添加如下代码：

```
CGraphicDisp * mydisp=(CGraphicDisp * )pDC;
mydisp->lineDDA(100, 100, 220, 240, RGB(255, 0, 0));
```

运行程序，即可见在屏幕上生成了一条红色的从点(100,100)到点(220, 240)的直线。

1.3.3　VC++中基本绘图函数

CDC类在它的成员函数中封装了全部 Windows 图形 API,下面将对 CDC 中一些常用 7 个成员函数进行介绍。

CDC ＊pDC＝GetDC();

以上定义适用于下面所有函数示例。

一、画点的函数:改变单个像素点的颜色

1. SetPixel( )

格式:COLORREF SetPixel(int x, int y, COLORREF crColor);

　　COLORREF SetPixel(POINT point, COLORREF crColor);

例如:CPoint ptTmp(50, 50);

　　pDC->SetPixel(ptTmp, RGB(255,0,0)); //在(50, 50)处画一个红色的点

　　pDC->SetPixel(50, 50, RGB(255,0,0)); //在(50, 50)处画一个红色的点

用途:试图用指定的颜色画一个像素,返回绘制时使用的实际颜色。

2. SetPixelV()

格式:BOOL SetPixelV(int x, int y, COLORREF crColor);

例如:同上。

用途:与 Setpixel 基本相同,但不用返回绘制时使用的实际颜色,因而速度更快。

二、画线的函数:改变屏幕上一系列像素点的颜色

1. MoveTo()

格式:CPoint MoveTo(int x, int y);

例如:pDC->MoveTo(5,5);

用途:开始画线、弧和多边形时,把光标移动到一个初始位置。

2. LineTo()

格式:BOOL LineTo(int x, int y);

例如:pDC->MoveTo(5,5);

　　pDC->LineTo(25,25); //画了一条从(5,5)到(25,25)的直线段。

用途:画一条从初始位置到另一个点的直线段。

3. Arc()

格式:BOOL Arc(int x1, int y1, int x2, int y2, int x3, int y3, int x4, int y4);

例如:pDC->Arc(5,115,50,145, 5,115, 50,115);

用途:画一段弧,前两个点决定一个矩形,其中(x_1,y_1)为矩形左上角坐标,(x_2,y_2)为矩形右下角坐标,后两点决定圆弧起止点,其中(x_3,y_3)为圆弧起点坐标,(x_4,y_4)为圆弧终点坐标。

4. ArcTo()

格式:BOOL Arc(int x1, int y1, int x2, int y2, int x3, int y3, int x4, int y4);

例如:pDC->Arc(5,115,50,145, 5,115, 50,115);

用途:画一段弧,并更新初始位置。

5. AngleArc()

格式:BOOL AngleArc(int x,int y,int nRadius,float fStartAngle,float fSweepAngle);

例如:pDC->AngleArc(200, 200,120, 30, 60);

用途:画一条线,然后画一段弧,并更新初始位置。线段为从当前点到弧段的起点,弧段以(x,y)为中心,nRadius 为半径,从角度 fStartAngle 出发,画中心角度为 fSweepAngle 的弧段。

6. PolyLine()

格式:BOOL Polyline(LPPOINT lpPoints, int nCount);

例如:POINT aPoint[4]={0,0,100,100,120,-30,0,0};//一个三角形

pDC->Polyline(aPoint,4);

用途:画一系列线段。

三、画形状的函数:这里的形状是一系列封闭线条

1. Rectangle()

格式:BOOL Rectangle(int x1, int y1, int x2, int y2);

例如:pDC->Rectangle(5,55,50,85); //绘制一个左上角为(5,55),右下角为(50,85)的矩形。

用途:画一个矩形。

2. Pie()

格式:BOOL Pie(LPCRECT lpRect, POINT ptStart, POINT ptEnd);

例如:pDC->Pie(CRect(250,55,305,85), CPoint(250,55), CPoint(305,55));

用途:画一个饼状图。

3. RoundRect()

格式:BOOL RoundRect(LPCRECT lpRect, POINT point);

例如:pDC->RoundRect(CRect(5,185,50,215), CPoint(15,15));

用途:画一个圆角矩形。

4. Draw3dRect()

格式:void Draw3dRect(LPCRECT lpRect, COLORREF clrTopLeft, COLORREF clrBottomRight);

例如:pDC-> Draw3dRect (CRect(5,185,50,215), RGB(255,150,0), RGB(255,0,0);

用途:画一个三维矩形。

5. Polygon()

格式:BOOL Polygon(LPPOINT lpPoints, int nCount);

例如:POINT polygon[3]={{380,330},{530,260},{500,360}};

pDC->Polygon(polygon,3);

用途:画一个多边形。

6. DrawEdge()

格式:BOOL DrawEdge(LPRECT lpRect, UINT nEdge, UINT nFlags);

例如：// 绘制一个外观与控件、弹出式和重叠窗口等同的窗口框架，用

pDC->DrawEdge(CRect(250,115,305,145),EDGE_BUMP,BF_RECT);

用途：画一个矩形的边缘。

7. Ellipse()

格式：BOOL Ellipse(LPCRECT lpRect);

例如：pDC->Ellipse(CRect(250,5,305,25));

用途：画一个椭圆。

四、填充和翻转形状的函数：填充和翻转用于改变一个形状内的所有像素颜色

1. FillRect()

格式：void FillRect(LPCRECT lpRect, CBrush * pBrush);

例如：CBrush brushCtl;

brushCtl.CreateSolidBrush(RGB(255,0,0));

pDC->FillRect(CRect (200,0,400,200),&brushCtl);

用途：填充一个矩形。

2. FillSolidRect()

格式：void FillSolidRect(LPCRECT lpRect, COLORREF clr);

例如：pDC->FillSolidRect(CRect (200,0,400,200),RGB(0,0,255));

用途：用单色填充一个矩形。

3. InvertRect()

格式：void InvertRect(LPCRECT lpRect);

例如：pDC->InvertRect(CRect (200,0,400,200));

用途：反转一个矩形的颜色。

4. FrameRect()

格式：void FrameRect(LPCRECT lpRect, CBrush * pBrush);

例如：CBrush brushCtl;

brushCtl.CreateSolidBrush(RGB(255,0,0));

pDC->FillRect(CRect (200,0,400,200),&brushCtl);

用途：画一个矩形的边框。

五、滚动屏幕的函数：通过滚动，可移动屏幕周围像素的颜色

1. ScrollDC()

格式：BOOL ScrollDC(int dx, int dy, LPCRECT lpRectScroll, LPCRECT lpRectClip, CRgn * pRgnUpdate, LPRECT lpRectUpdate);

例如：pDC->ScrollDC(50, 50, CRect(10, 10, 100, 100), CRect(20, 20, 50, 50), NULL, NULL);

用途：左、右、上、下移动屏幕图像。

六、绘制文本的函数

我们可能会认为文本是打印的，不是画的，但在一个图形用户界面中，甚至一个文本字符都是由像素构成的一幅图。

1. TextOut()

格式：BOOL TextOut(int x, int y, const CString& str);

例如：pDC->TextOut(100, 100, "Hello, world!"); //在视图区(100,100)为起点位置处，输出字符串"Hello,world";

用途：在一个指定的位置，输出一个字符串。

2. ExtTextOut()

格式：BOOL ExtTextOut(int x, int y, UINT nOptions, LPCRECT lpRect, const CString& str, LPINT lpDxWidths);

例如：pDC->ExtTextOut(0, 0, ETO_OPAQUE, CRect (200,0,400,200), "Hello, world!", NULL);

用途：在一个矩形区域里输出一个字符串。

3. TabbedTextOut()

格式：CSize TabbedTextOut(int x, int y, const CString& str, int nTabPositions, LPINT lpnTabStopPositions, int nTabOrigin);

例如：CString str;

```
str.Format (_T ("Cathy\tNorman\tOliver"));
int nTabStop=20; //tabs are every 20 pixels
pDC->TabbedtextOut (10, 10, str, 1, &nTabStop, 10);
```

用途：基于用该函数传输的一个表，在指定位置输出一个字符串，并将字符串中的任何制表符转换为空格。

4. DrawText()

格式：int DrawText(const CString& str, LPRECT lpRect, UINT nFormat);

例如：pDC->Drawtext (CString ("This is a long string"), CRect (10, 10, 80, 30), DT_LEFT | DT_END_ELLIPSIS);

用途：在指定的矩形域里绘制文本，但比 TextOut()有更多的选项，如把文本居中和显示多行文本。

七、绘制位图和图标的函数

一个位图或图标只是大量像素的颜色阵列。通常有一个标题，用来指示在一行中有多少像素点，以便一个画图例程知道什么时候开始下一行。位图绘制例程只是把像素阵列拷贝到视频内存中。图标具有透明色这一附加的能力，换句话说，当一个图标被绘制在屏幕上时，它的每一点的颜色都可被屏幕上原有的颜色代替。

1. DrawIcon()

格式：BOOL DrawIcon(POINT point, HICON hIcon);

例如：HICON hIcon＝::ExtractIcon(AfxGetInstanceHandle(),_T("NotePad.exe"),0);

```
if (hIcon && hIcon! =(HICON)-1)
pDC->DrawIcon(10,10,hIcon); //在程序窗口左上角显示 NotePad 图标
```

用途：在指定的位置画一个图标。

2. BitBlt()

格式：BOOL BitBlt(int x, int y, int nWidth, int nHeight, CDC * pSrcDC, int xSrc, int ySrc, DWORD dwRop);

例如：CDC dcComp;

```
dcComp.CreateCompatibleDC(pDC);
dcComp.SelectObject(&bitmap);    //get size of bitmap for BitBlt()
BITMAP bmInfo;
bitmap.GetObject(sizeof(bmInfo),&bmInfo);    //use BitBlt() to draw bitmap
pDC->BitBlt(0,0,bmInfo.bmWidth, bmInfo.bmHeight,&dcComp,0,0,SRCCOPY);
```

用途：从指定的设备环境中拷贝一个位图，通常是从磁盘中装入或在内存中创建。

3. StretchBlt()

格式：BOOL StretchBlt(int x, int y, int nWidth, int nHeight, CDC * pSrcDC, int xSrc, int ySrc, int nSrcWidth, int nSrcHeight, DWORD dwRop);

例如：同 BitBlt 函数。

用途：与 BitBlt()基本相同，但它试图伸展或压缩一个位图以适应目标。

八、实例

按照 1.3.1 中所述步骤建立一个单文档工程，并添加鼠标的左键按下、左键释放、鼠标移动消息映射。

给 CDrawView 类添加以下 4 个私有成员变量。

```
private:
int m_draw; //表示绘制形状,0:不画  1:画点  2:画直线段  3:画矩形  4:画圆
int m_Drag; //表示拖动状态
CPoint m_pntPrev;
CPoint m_pntOrigin;
```

在主菜单中增加菜单项 Draw，并添加子菜单项“Point”、“Line”、“Rectangle”和“Circle”，如图 1.12 所示。右键单击“Point”，选择“Add Event Handler...”，将弹出如图 1.13 所示对话框。

在该对话框中，在 Message Type 中选择“Command”，在 Class list 中选择“CDrawView”，然后单击“Add and Edit”，在 OnDrawPoint 成员函数处添加代码：

```
m_draw=1;
```

同理，给 Line，Rectangle，Circle 3 个子菜单项添加事件处理函数，并添加相应代码，将 m_draw 分别赋值为 2，3，4。

给鼠标消息添加如下相关代码，完成后编译连接运行，结果如图 1.14 所示。

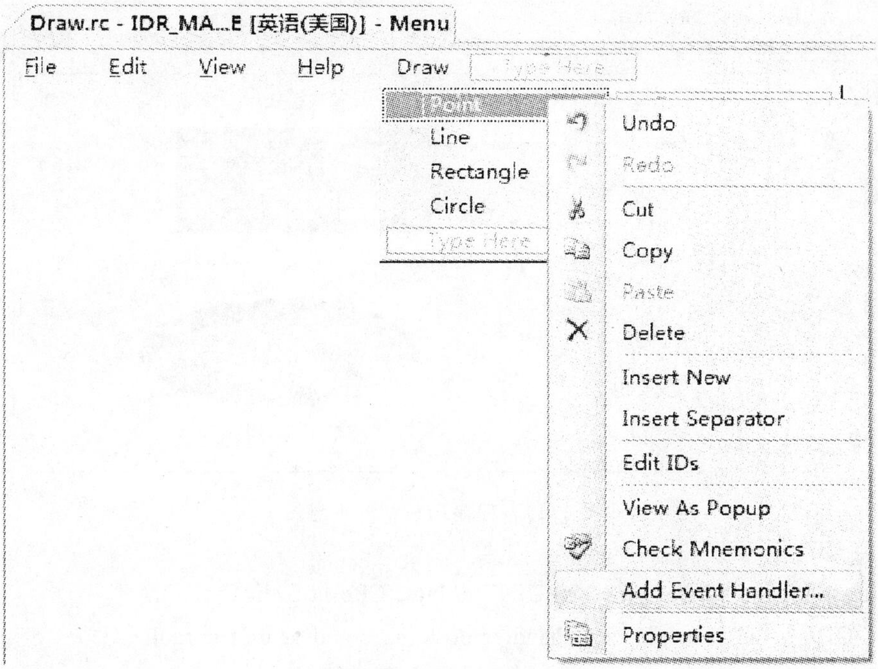

图 1.12　添加菜单项

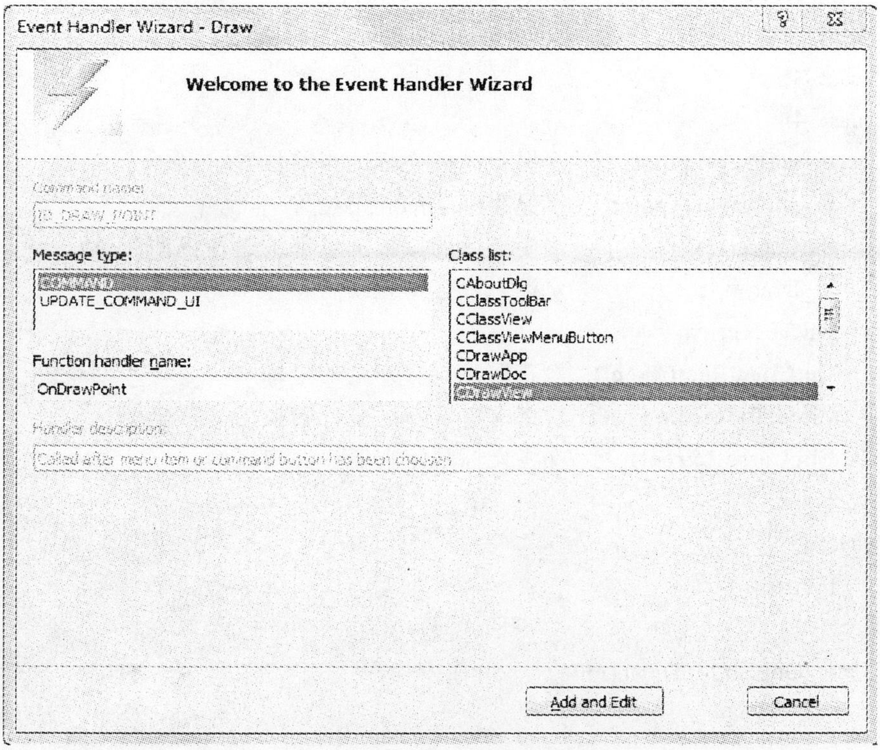

图 1.13　给菜单项添加事件处理函数

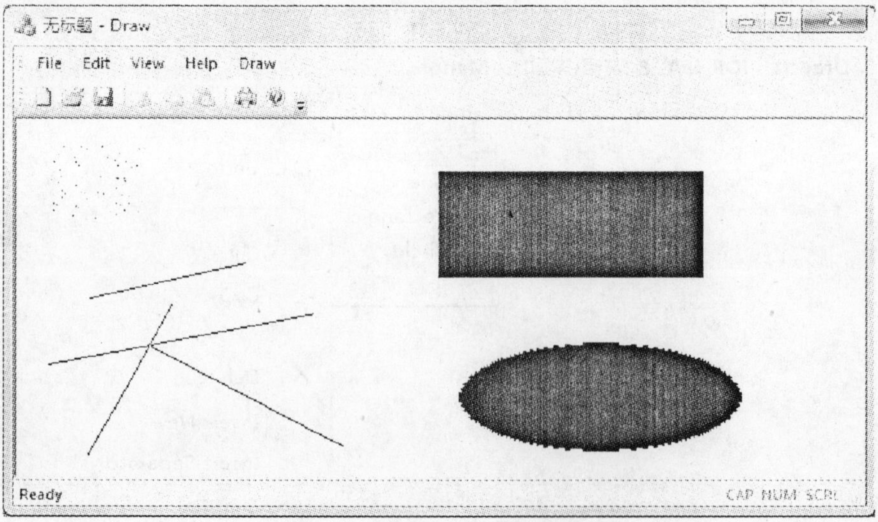

图 1.14　程序运行结果示意图

```
void CDrawView::OnLButtonDown(UINT nFlags, CPoint point)
{   // TODO: Add your message handler code here and/or call default
    CClientDC dc(this);             //创建设备上下文环境
    switch (m_draw)
    {   case 1:dc.SetPixel(point,RGB(255,0,0)); break;
        case 2:
        case 3:
        case 4:
            m_pntPrev=point;        //保存鼠标光标的当前位置
            m_pntOrigin=point;      //保存画线的起始位置
            SetCapture();           //使随后的鼠标消息都被送往视图窗口
            m_Drag=1;               //标志鼠标为拖动状态
            RECT rect;
            GetClientRect(&rect);   //获取窗口客户区的坐标
            ClientToScreen(&rect);  //将窗口客户区坐标转换为屏幕坐标
            ClipCursor(&rect);      //将光标限定在窗口客户区内
            break;
        default:
            break;
    }
    CView::OnLButtonDown(nFlags, point);
}

void CDrawView::OnMouseMove(UINT nFlags, CPoint point)
```

```
{  // TODO: Add your message handler code here and/or call default
   HCURSOR m_hCursor＝LoadCursor(NULL,IDC_CROSS);
   CClientDC dc(this);//创建设备上下文环境
   if (m_Drag)
   {  dc.SetROP2(R2_NOT);//设置绘图模式为反转模式,以实现橡皮筋技术
      switch (m_draw)
      {  case 2: //画直线段
           dc.MoveTo(m_pntOrigin);
           dc.LineTo(m_pntPrev);
           dc.MoveTo(m_pntOrigin);
           dc.LineTo(point);
           m_pntPrev＝point;
           break;
         case 3://画矩形
           dc.Rectangle(m_pntOrigin.x,m_pntOrigin.y,m_pntPrev.x,m_pntPrev.y);
           dc.Rectangle(m_pntOrigin.x,m_pntOrigin.y,point.x,point.y);
           m_pntPrev＝point;
           break;
         case 4://画圆
           dc.Ellipse(m_pntOrigin.x,m_pntOrigin.y,m_pntPrev.x,m_pntPrev.y);
           dc.Ellipse(m_pntOrigin.x,m_pntOrigin.y,point.x,point.y);
           m_pntPrev＝point;
           break;
         default:
           break;
      }
   }
   CView::OnMouseMove(nFlags, point);
}

void CDrawView::OnLButtonUp(UINT nFlags, CPoint point)
{  // TODO: Add your message handler code here and/or call default
   if (m_Drag)
   {  m_Drag＝0;            //标志鼠标为非拖动状态
      ReleaseCapture();  //释放对鼠标的使用并恢复正常输入
      ClipCursor(NULL);//让鼠标可以在屏幕上任意移动
   }
   CView::OnLButtonUp(nFlags, point);
}
```

第二章　基本图形的生成

本章我们的实习任务是将直线、圆及椭圆绘制在光栅显示器平面上。这些基本图形从几何上看是连续的，由无限个点构成；而光栅扫描图形输出设备采用点阵方式输出图形，连续的图形只能用离散的像素来表达。一系列图形扫描转换算法，目的就是实现连续图形的光栅化。图形学中探讨基本图形生成，主要关注 3 个方面：一是准确——找出最逼近几何图形的像素坐标并设置成所要求的颜色；二是真实——显示均匀，不出现明显的中断、偏移或扭曲现象；三是高效——减少运算量，最大限度提高显示速度。

在讨论直线（实际上是线段）生成时，我们假定已知参数是两个端点的坐标：$p_1(x_1,y_1)$，$p_2(x_2,y_2)$；在讨论圆生成时，假设已知参数为圆心坐标 $p_c(x_c,y_c)$ 和圆半径 r；对于椭圆，我们只考虑标准椭圆（两轴分别平行于 x 坐标轴和 y 坐标轴）的情况，假定已知中心坐标 (x_c,y_c)、横半轴长度 r_x 和纵半轴长度 r_y［假定实习环境是 Windows 系列操作系统，开发环境是 Visual C＋＋2005，需要用到 VC＋＋中的画点函数 SetPixel(int, int, COLORREF)］。

2.1　直线生成算法

2.1.1　产生直线的 DDA 算法

【内容】

该算法也称数字微分分析器（DDA），是根据公式：$\Delta Y=m\cdot\Delta X$，沿直线计算像素位置的一种简单算法。它从直线的一个端点开始，使 x 和 y 同时作小的步进（有选择地使一个坐标取单位步进，按上述公式计算出与之相关的另一个坐标的对应值），直至到达终点。

由于 m 和另一个坐标的步进值是实数，使得程序中不可避免地存在实型数运算，因此图形显示速度变慢。

【算法思想】

该算法实现的关键是如何步进。它涉及到以下两点：

(1)步进的方向，即步进的正或负，决定能否正确的到达终点；

(2)步进的大小，即哪个方向的步进取单位步进，选择坐标变化最大的方向，令其为单位步进，而另一个方向的步进必须小于等于 1，这样不论斜率 $|m|\leqslant 1$ 否，都会使直线的亮度均匀。

算法步骤如下：

(1)得到直线参数：起点坐标 (x_1, y_1)，终点坐标 (x_2, y_2)，直线颜色值 $color$；

(2)分别计算出两个方向的变化量：$dx=x_2-x_1$，$dy=y_2-y_1$；

(3)根据 $|dx|$ 和 $|dy|$ 的大小，令步进控制参数 $steps=\max(|dx|, |dy|)$，然后计算两个方向的步进值：$xin=dx/steps$、$yin=dy/steps$；

(4)设初始像素坐标：$x=x_1$，$y=y_1$；

(5)点亮初始像素点：SetPixel(x, y, *color*)；

(6)令循环初值为 1，循环终值为最大步数 *steps*，循环步距为 1；

1)计算像素坐标：$x=x+xin$，$y=y+yin$；

2)点亮像素点：SetPixel(x, y, *color*)。

【实现提示】

上述算法步骤(3)很关键，*xin*，*yin* 的符号和大小分别决定了直线显示的准确及均匀程度。由于计算时涉及除法运算，因此必定会产生非整数，而 SetPixel 函数中的参数要求整型，所以在调用 SetPixel 函数时，可以将坐标参数四舍五入，这样既不影响计算精度，也能尽量提高画线的准确度。

【基本要求】

按算法，独立编制 DDA 算法实现函数，输入几组有代表性的直线(含不同方向、不同斜率)来调试程序。

【提高要求】

(1)将一个闭合多边形的各顶点坐标顺序装入二维数组 p[][2]，通过循环调用 DDA 算法实现函数，绘出多边形。

(2)编写完整的多边形绘制函数，要求顶点处不重复绘制。

【思考题】

如何最大限度减少上述算法中的浮点运算以提高速度？

2.1.2　产生直线的 Bresenham 算法

【内容】

Bresenham 算法是计算机图形学中使用最广泛的直线扫描转换算法。它也采用递推步进的办法，每次令最大变化方向的坐标步进一个单位，同时另一个方向的坐标依据误差判别式的符号来决定是否也要步进一个单位。

由于误差判别式可以变形成整数形式，且两个方向的坐标步进值为：0，+1(或−1)，因此程序免去了实数运算。只含整数运算的 Bresenham 算法使得图形的显示速度加快，这也是 DDA 算法所不具备的优点。

【算法思想】

在另一个方向(即直线变化较小的方向)坐标的 0.5 处，引出“像素分界线”栅条。按直线从起点到终点的顺序，当变化较大方向的坐标值每次步进一个单位时，另一个方向依误差判别式 e(数学点 p_i 与最近的像素分界线的偏离值)的符号决定是否步进：当 $e\geqslant 0$ 时步进一个单位，否则不步进。为了避免实数运算，考虑到 e 乘以任意正数不影响其符号的判别，可以将误差判别式 e 变为整型数 d。

当直线满足条件：$0\leqslant m\leqslant 1$，且 $x_1<x_2$ 时，Bresenham 算法步骤如下：

(1)得到直线参数：起点坐标(x_1, y_1)，终点坐标(x_2, y_2)，直线颜色值 *color*；

(2)计算：$dx=x_2-x_1$；$dy=y_2-y_1$；

(3)计算初始误差：$d=2dy-dx$；

(4)令初始像素坐标为：$x=x_1$；$y=y_1$；

(5)重复以下步骤,直到 $x>x_2$ 为止:

1)用规定颜色在(x, y)处画像素点;

2)若 $d\geqslant 0$,则 $y=y+1$;$d=d-2dx$;

3)否则 $x=x+1$;$d=d+2dy$。

【基本要求】

用 Bresenham 算法实现特定直线的绘制(直线条件:斜率 $m\in[0, 1]$,且 $x_1<x_2$)。

【提高要求】

用 Bresenham 算法实现任意直线的绘制(直线条件:任意斜率 m)。

【思考题】

在使用 Bresenham 算法实现任意直线的绘制时,怎么才能有效避免大量代码的重复出现?

2.2 圆的生成算法

2.2.1 产生圆的增量算法

【内容】

该算法也称圆的 DDA 算法,根据圆的递推公式,经三角函数展开化简后得:

$$x_{i+1}=r\cdot\cos(\theta_i+\Delta\theta)\longrightarrow x_{i+1}=(1-\Delta\theta^2/2)x_i-\Delta\theta\cdot y_i$$

$$y_{i+1}=r\cdot\sin(\theta_i+\Delta\theta)\longrightarrow y_{i+1}=(1-\Delta\theta^2/2)y_i+\Delta\theta\cdot x_i$$

公式中:$\Delta\theta\leqslant l/r$,$r$ 为圆半径,l 为 $\Delta\theta$ 对应的弧长。当 $l=0.1$,$r=100$ 时,$\Delta\theta$ 即能满足三角函数展开化简式的化简条件。另外,因算法中含有实数运算,所以速度较慢。

【算法思想】

算法步骤如下:

(1)得到圆参数:圆心(x_c, y_c),半径 r,圆弧颜色值 *color*;

(2)赋初值:弧长 l、$\Delta\theta=l/r$,$x=(\text{float})r$,$y=0.0$;

(3)以初值为 0.0,终值为 2×3.141 592 6,步距为 $\Delta\theta$ 进行循环:

1)在像素坐标(x_c+x, y_c+y)处,按指定颜色画点;

2)计算像素坐标 $x=(1-\Delta\theta^2/2)x-\Delta\theta\cdot y$;

3)计算像素坐标 $y=(1-\Delta\theta^2/2)y+\Delta\theta\cdot x$。

【实现提示】

由于该算法涉及很多实数运算,而绘制像素的函数 SetPixel 又只接受整型参数,因此在绘制时应注意实型数据与整型数据之间的相互转换,以减少误差。

【基本要求】

用圆的增量算法绘制出给定参数的圆。

【思考题】

在使用圆的增量算法画圆时,如何利用圆的对称性?

2.2.2 产生圆的 Bresenham 算法

【内容】

和 Bresenham 画线算法一样，找出数学圆与像素圆之间的误差判别式 e，根据 e 的符号来决定：当一个方向步进时，另一方向是否也要步进，该算法的详细推导请看教材。程序实现中，利用了圆的八分对称性，即：只需处理 1/8 圆，根据对称性就可以绘出圆的其他部分。

该算法不含实数运算，故处理速度较快。

【基本要求】

(1)掌握误差判别式 e 的推导方法。

(2)用产生圆的 Bresenham 算法绘制圆。

2.2.3 中点圆算法

【内容】

中点画圆算法是在一个方向上取单位间隔，在另一个方向的取值由两种可能取值的中点离圆弧的远近而定。实际处理中，用决策变量的符号来确定像素点的选择，因此算法效率较高。

【算法思想】

为了应用中点法，定义圆函数：$f_{circle}(x,y)=x^2+y^2-r^2$，任何点$(x,y)$的相对位置可由圆函数的符号来检测[圆心在原点、初始位置为$(0, r)$，顺时针生成圆]。

我们用两个可能取值的中点处的圆函数作为决策参数 P_k：$P_k=f_{circle}(x_k+1, y_k-1/2)$，根据决策参数的符号，可以决定圆的下一点的像素位置。初始决策参数和递推过程的决策参数表达式如下。

1. 初始时

圆函数起始位置$(0, r)$处，决策参数 $P_0= f_{circle}(1, r-1/2)$，取整后 $P_0=1-r$。

2. 递推过程中

若 $P_k<0$，圆的下一点的像素位置为(x_k+1, y_k)，决策参数如下：

$$P_{k+1}=f_{circle}(x_k+2, y_k-1/2)=P_k+(2x_k+3)=P_k+(2x_{k+1}+1)$$

若 $p_k \geqslant 0$，圆的下一点的像素位置为(x_k+1, y_k-1)，决策参数如下：

$$\begin{aligned}P_{k+1}&=f_{circle}(x_k+2, y_k-3/2)=P_k+2(x_k-y_k)+5\\&=P_k+2(x_{k+1}-y_{k+1})+1\end{aligned}$$

算法步骤如下：

(1)输入圆半径 r、圆心(x_c, y_c)；

(2)确定初值：$x=0, y=r, P=1-r$；

(3)利用八分对称性，用规定的颜色 color 画八个像素点(x, y)，…；

(4)循环处理：

While($x<y$){

$x=x+1$;

若 $P<0$，则 $P=P+2x+1$；否则 $y=y-1, P=P+2(x-y)+1$；

利用八分对称性，用规定的颜色 *color* 画八个像素点(x, y)，…；

}

【基本要求】

用中点画圆算法绘制出各种半径的圆。掌握中点画圆算法的思想以及决策参数表达式的推导方法。

【提高要求】

(1)以上中点画圆算法的条件为：初始位置为(0, r)，顺时针生成圆。

(2)如果改变上述条件，如初始位置为(r, 0)，逆时针生成圆，试着用中点画圆算法推导出点的表达式和决策参数表达式，并编程绘制圆。

【思考题】

产生圆的 Bresenham 算法的误差判别式和中点圆算法的决策参数有何差异？

2.3　椭圆生成算法

【内容】

中点椭圆算法是椭圆生成中常用的算法。它的基本思想与中点画圆法类似，也是在一个方向上取单位间隔，在另一个方向的取值由两种可能取值的中点离圆弧的远近而定，不过椭圆的中点算法在八分象限中是不对称的，它在四分象限中是对称的。中点椭圆算法先画出椭圆在第一象限的部分，然后利用四分对称性画出完整的椭圆。

【算法思想】

当椭圆为标准椭圆(长短轴分别平行于 x,y 轴)且其中心位置在(0, 0)点时，可定义椭圆函数为 $f_{dlipse}(x, y)=r_y^2x^2+r_x^2y^2-r_x^2r_y^2$，该函数可作为中点算法的决策参数。在每个取样位置，根据椭圆函数沿椭圆轨迹对两个候选像素间中点求值的符号来决定下一个绘制的像素。

在运用决策参数确定绘制像素时，需要将坐标系的第一象限分为区域 1 和区域 2 两个区域，在这两个区域中，对像素选取的规则有所不同。椭圆曲线的斜率在区域 1 和区域 2 的交界处为−1，因此区分区域 1 和区域 2 的条件是判断 $2r_y^2x/(2r_x^2y)$ 与 1 的大小。我们假定区域 1 为第一象限中 $2r_y^2x/(2r_x^2y)<1$ 的区域，区域 2 为第一象限中 $2r_y^2x/(2r_x^2y)>1$ 的区域。

算法步骤如下。

(1)输入椭圆长短轴 r_x,r_y 和椭圆中心(x_c, y_c)，并得到椭圆(中心在原点)上的第一个点：(x_0, y_0)=(0, r_y)。

(2)计算区域 1 中决策参数的初始值：

$$P1_0=r_y^2-r_x^2r_y+r_x^2/4$$

(3)在区域 1 的每个 x_k 位置处，从 $k=0$ 开始，完成下列测试：假如 $P1_x<0$，沿中心在(0,0)的椭圆的下一个点为(x_k+1, y_k)，并且 $P1_{k+1}=P1_k+2r_y^2\ x_{k+1}+r_y^2$，否则，沿椭圆的下一个点为($x_k+1$, y_k-1)，并且 $P1_{k+1}=P1_k+2r_y^2\ x_{k+1}-2r_x^2y_{k+1}+r_y^2$，其中，$2r_y^2\ x_{k+1}=r_y^2\ x_k+2r_y^2$，$2r_x^2y_{k+1}=2r_x^2y_k-2r_x^2$，并且直到 $2r_y^2\ x\geqslant 2r_x^2y$。

(4)使用区域 1 中计算的最后点(x_0, y_0)来计算区域 2 中参数的初始值：

$$P2_0=r_y^2(x_0+1/2)^2-r_x^2(y_0-1)^2+r_x^2\ r_y^2$$

(5)在区域 2 的每个 y_k 位置处，从 $k=0$ 开始，完成下列测试：假如 $P2_k>0$，沿中心为(0,

0)的椭圆的下一个点为$(x_k,\ y_k-1)$，并且 $P2_k=p2_k-2r_x^{\ 2}\ y_{k+1}+r_x^{\ 2}$，否则，沿椭圆的下一个点为$(x_k+1,\ y_k-1)$，并且 $P2_{k+1}=P2_k+2r_y^{\ 2}\ x_{k+1}-2r_x^{\ 2}y_{k+1}+r_x^{\ 2}$，使用与区域1中相同的 x 和 y 增量进行计算，直到 $y=0$。

(6)通过公式 $x=x+x_c$ 和 $y=y+y_c$，将上述步骤中计算出来的像素值(x,y)移到中心在$(x_c,\ y_c)$的椭圆轨迹上，并绘制像素点。

【实现提示】

在给定椭圆长短轴 r_x，r_y 和椭圆中心$(x_c,\ y_c)$的情况下，中点椭圆算法仅需增量的整数运算来确定决策参数的值。增量 r_x^2，r_y^2 仅需在程序的开始求值一次便可。

【基本要求】

使用中点椭圆算法绘制出标准椭圆。

【提高要求】

使用中点椭圆算法绘制出非标准位置的椭圆。

【思考题】

比较中点椭圆算法和中点圆算法有何差异，是什么原因造成了这些差异？

2.4　实例

一、用多种算法(DDA 算法、中点算法、Bresenham 算法)绘制直线并比较它们的效率

1. 新建绘图程序项目

(1) 从“File”菜单选择“New”→“Project”，弹出“New Project”对话框，如图 2.1 所示。

(2) 在图 2.1 所示对话框的“Project Type”中选择“visual C++”选项下的“MFC”，在“Templates”中选择“MFC Application”，在“Name”编辑框中输入项目的名字“ExDrawLine”，在“Location”中指定工程文件的存储路径。

(3) 单击“OK”按钮，然后点击“Next”，弹出图 2.2 所示“MFC Application Wizard”对话框，“Application Type”选择“Single document”，单击“Finish”按钮。

2. 为程序添加函数和变量

(1) 在“Solution Explorer”框中右键单击 “Header Files”文件夹，选择“Add”→“New Item”，如图 2.3 所示。弹出图 2.4 所示对话框，在“Categories”框中选择“Code”，在“Templates”框中选择“Header File(.h)”，将“Name”设为“DrawLineAlgorithms”，点击“Add”按钮。

(2) 为 DrawLineAlgorithms.h 文件添加相应代码

```
//绘制直线的中点算法
void Middlepoint(CDC *pDC, int p0_x, int p0_y, int p1_x, int p1_y, COLORREF color);
//绘制直线的 DDA 算法
voidDDA(CDC *pDC, int p0_x, int p0_y, int p1_x, int p1_y, COLORREF color);
//绘制直线的 Bresenham 算法
voidBresenham(CDC *pDC, int p0_x, int p0_y, int p1_x, int p1_y, COLORREF col-
```

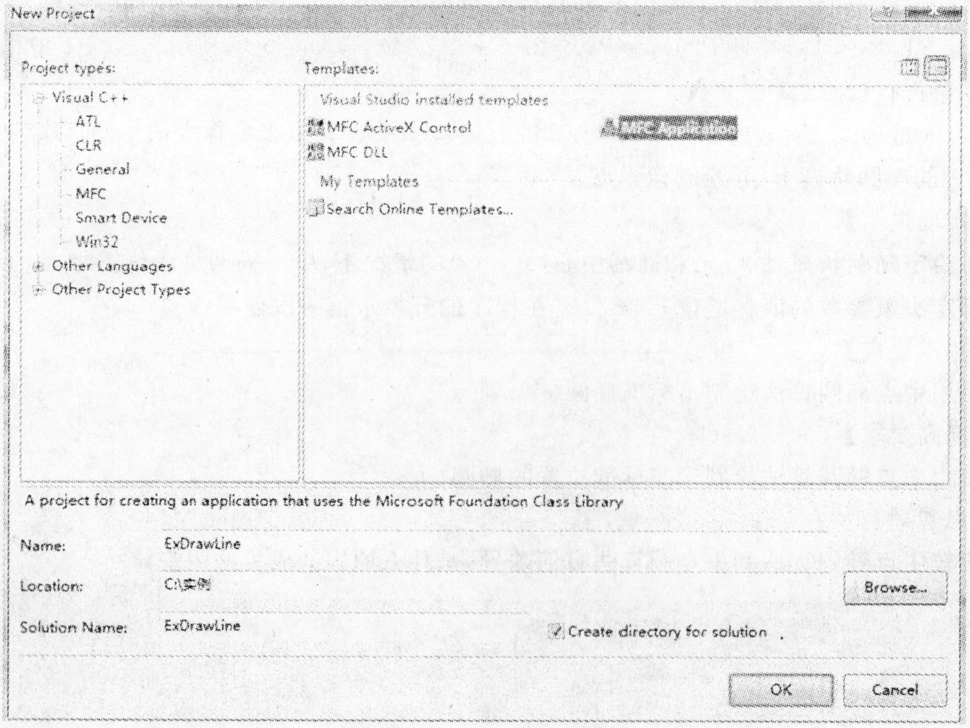

图 2.1　新建项目对话框

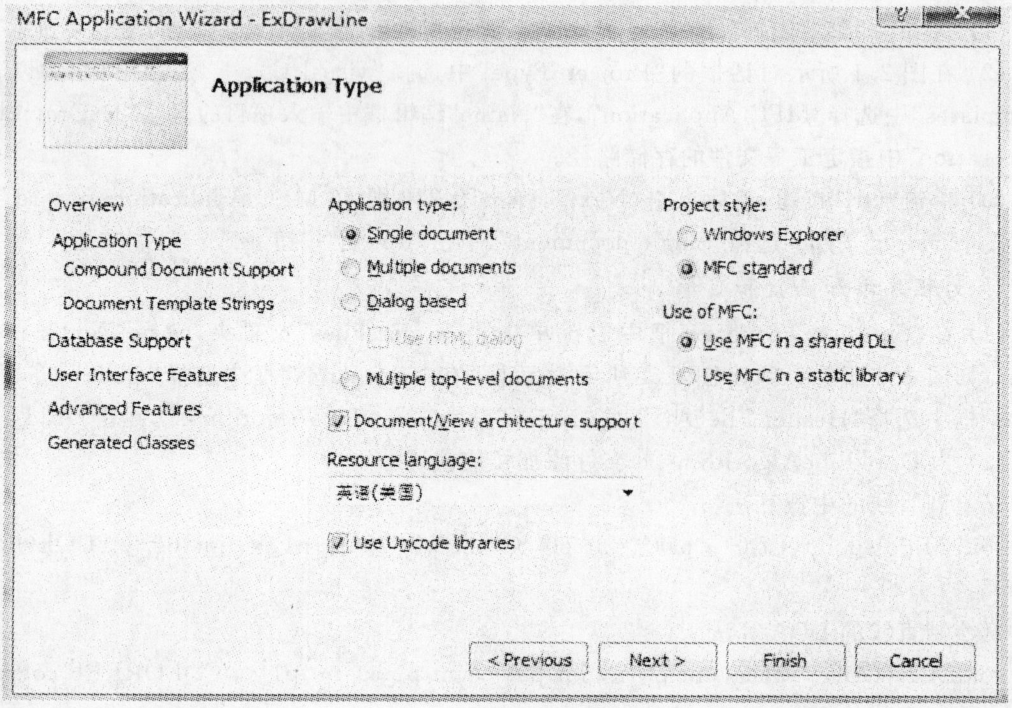

图 2.2　应用程序类型

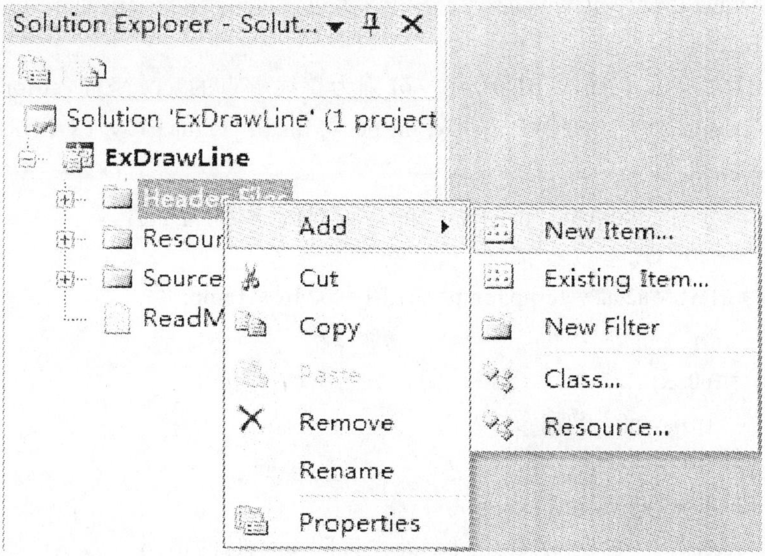

图 2.3　添加头文件

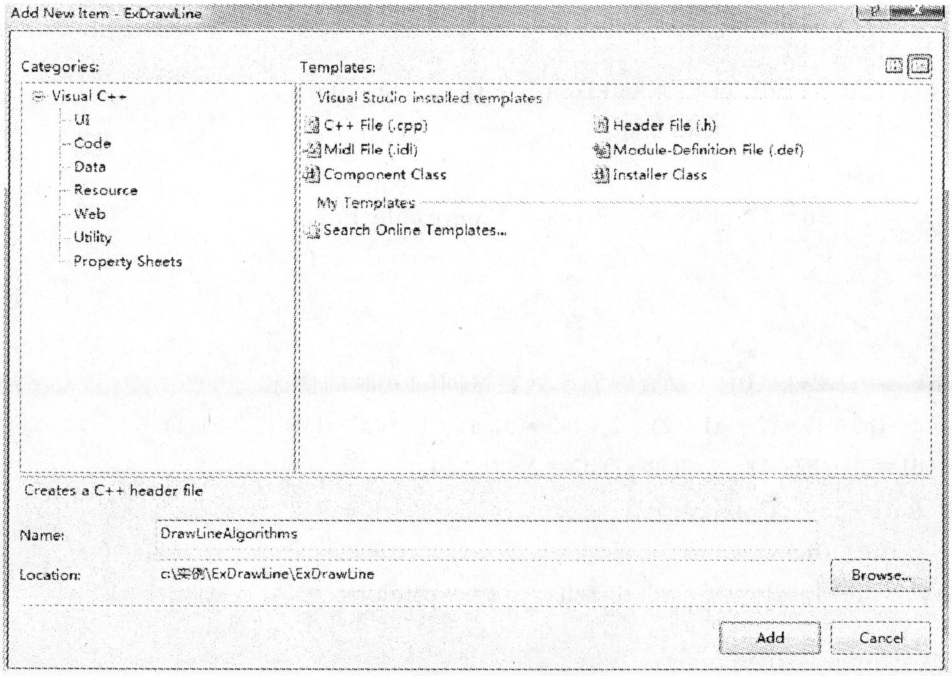

图 2.4　创建头文件对话框

or);

(3) 用同样的方法在"Source Files"文件夹中新建一个.CPP 文件,并为该文件添加相应代码:

```
# include "stdafx.h"
```

```
# include "DrawLineAlgorithms.h"
# include "math.h"
//中点绘线算法,p0_x、p0_y、p1_x、p1_y分别为直线端点的x,y坐标,color为直线颜色
void Middlepoint(CDC * pDC, int p0_x, int p0_y, int p1_x, int p1_y, COLORREF color)
{   float k=2;
    int d,d1,d2,xp,yp,i,temp,a1=p0_x,b1=p0_y,a2=p1_x,b2=p1_y;
    if(p0_x>=p1_x){
      temp=a1;a1=a2;a2=temp;temp=b1;b1=b2;b2=temp;
    }
    if(p1_x! =p0_x)
      k=1.0 * (p1_y-p0_y)/(p1_x-p0_x);
    xp=a1;yp=b1;
    pDC->SetPixel(xp,yp,color);
    if(k<=1&&k>=0){   //直线斜率处在区间[0,-1]时的情况
      d=(b2-b1) * (2 * a1+2)+2 * (a2 * b1-a1 * b2)-(a2-a1) * (2 * b1+1);
      d1=2 * (b2-b1)-2 * (a2-a1);d2=2 * (b2-b1);
      for(i=0;i<(a2-a1);i++){
        if(d>0){
          d=d+d1; pDC->SetPixel(++xp,++yp,color);
        }
        else{
          d=d+d2; pDC->SetPixel(++xp,yp,color);
        }
      }
    }
   if(k>=-1&&k<0){   //直线斜率处在区间[-1,0)时的情况
     d=(b2-b1) * (2 * a1+2)+2 * (a2 * b1-a1 * b2)-(a2-a1) * (2 * b1-1);
     d1=2 * (b2-b1)+2 * (a2-a1);d2=2 * (b2-b1);
     for(i=0;i<(a2-a1);i++){
       if(d<0){
         d=d+d1; pDC->SetPixel(++xp,--yp,color);
       }
       else{
         d=d+d2; pDC->SetPixel(++xp,yp,color);
       }
     }
   }
   if(k>1){   //直线斜率处在区间(1,+∞)时的情况
     d=(a2-a1) * (2 * b1+2)-2 * (a2 * b1-a1 * b2)-(b2-b1) * (2 * a1+1);
```

```
    d1=2*(a2-a1)-2*(b2-b1);d2=2*(a2-a1);
    for(i=0;i<(b2-b1);i++){
      if(d>0){
        d=d+d1; pDC->SetPixel(++xp,++yp,color);
      }
      else{
        d=d+d2; pDC->SetPixel(xp,++yp,color);
      }
    }
  }
  if(k<-1){  //直线斜率处在区间(-∞,-1)时的情况
    d=(a2-a1)*(2*b1-2)-2*(a2*b1-a1*b2)-(b2-b1)*(2*a1+1);
    d1=-2*(a2-a1)-2*(b2-b1);d2=-2*(a2-a1);
    for(i=0;i<(b1-b2);i++){
      if(d<0){
        d=d+d1; pDC->SetPixel(++xp,--yp,color);
      }
      else{
        d=d+d2; pDC->SetPixel(xp,--yp,color);
      }
    }
  }
}
//DDA绘线算法,p0_x、p0_y、p1_x、p1_y分别为直线端点的x,y坐标,color为直线颜色
void DDA(CDC *pDC,int p0_x,int p0_y,int p1_x,int p1_y,COLORREF color){
  int dx=p1_x-p0_x,dy=p1_y-p0_y,steps,k;
  float xIncrement,yIncrement,xp=p0_x,yp=p0_y;
  if(abs(dx)>abs(dy)) steps=abs(dx);
  else steps=abs(dy);
  xIncrement=((float)dx)/steps; yIncrement=((float)dy)/steps;
  pDC->SetPixel((int)(xp+0.5),(int)(yp+0.5),color);
  for(k=0;k<steps;k++){
    xp+=xIncrement; yp+=yIncrement;
    pDC->SetPixel((int)(xp+0.5),(int)(yp+0.5),color);
  }
}
//Bresenham绘线算法,p0_x、p0_y、p1_x、p1_y分别为直线端点的x,y坐标,color为直线颜色
  void Bresenham(CDC *pDC,int p0_x,int p0_y,int p1_x,int p1_y,COLORREF color){
```

```
    int dx,dy,xp,yp,e,temp;
    if(p1_x-p0_x<0){  //将所有在 2、3 象限的(p0,p1)直线转到 1、4 象限
      temp=p0_x;p0_x=p1_x;p1_x=temp;
      temp=p0_y;p0_y=p1_y;p1_y=temp;
    }
    xp=p0_x;yp=p0_y;
    dx=p1_x-p0_x;dy=p1_y-p0_y;
    e=(abs(dx)>=abs(dy))? (dy-dx/2):(dx-dy/2);
    if(dy >=0){
      if(dx>=dy){  //直线处在第 1 象限下半部分
      while(xp<=p1_x){
        pDC->SetPixel(xp,yp,color);
        if(e>0){yp+=1;e-=dx;}
        xp+=1;e+=dy;
      }
  }
    else{  //直线处在第 1 象限上半部分
      while(yp<=p1_y){
        pDC->SetPixel(xp,yp,color);
        if(e>0){xp+=1;e-=dy;}
        yp+=1;e+=dx;
      }
    }
  }
  else{
    dy=-dy;
    if(dx>=dy){  //直线处在第 4 象限上半部分
      while(xp<=p1_x){
          pDC->SetPixel(xp,yp,color);
          if(e>0){yp-=1;e-=dx;}
          xp+=1;e+=dy;
      }
    }
    else{  //直线处在第 4 象限下半部分
      while(yp>=p1_y){
          pDC->SetPixel(xp,yp,color);
        if(e>0){xp+=1;e-=dy;}
        yp-=1;e+=dx;
      }
```

```
    }
  }
}
```

3. 添加菜单项

(1) 打开“Resource View”框中的“Menu”项，如图 2.5 所示。

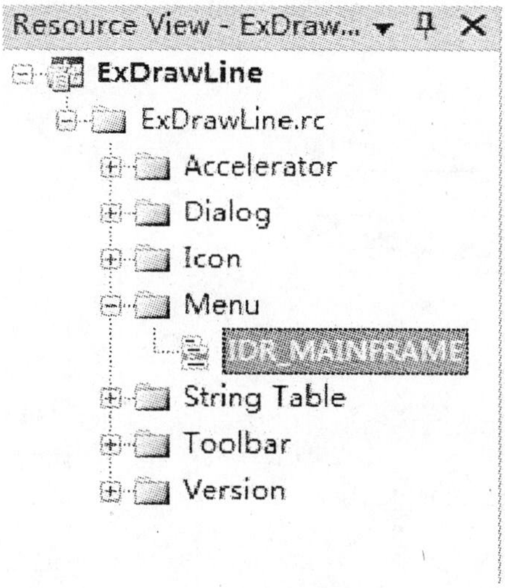

图 2.5　资源视图

(2) 双击“IDR_MAINFRAME”，打开菜单栏为其添加一个新的菜单项“DrawLine”，如图 2.6 所示。

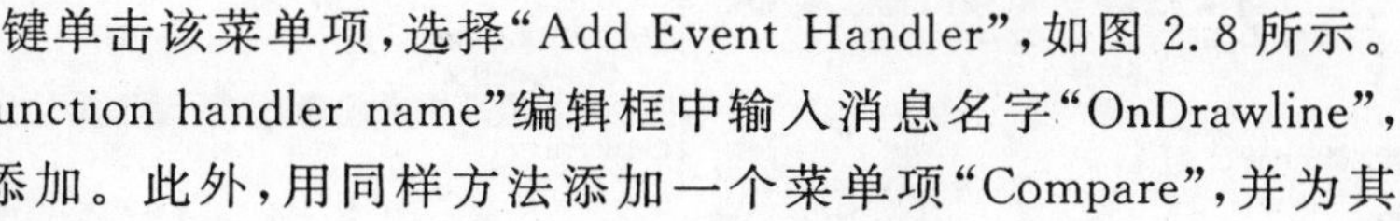

图 2.6　添加菜单项

(3) 将该菜单项的“Popup”属性改为“False”，如图 2.7 所示。

(4) 鼠标右键单击该菜单项，选择“Add Event Handler”，如图 2.8 所示。弹出图 2.9 所示对话框，在“Function handler name”编辑框中输入消息名字“OnDrawline”，点击“Add and Edit”按钮完成添加。此外，用同样方法添加一个菜单项“Compare”，并为其添加消息函数“OnCompare”。

4. 添加对话框

(1) 右键单击“Resource View”框中的“Dialog”项，点击“Add Resource”，如图 2.10 所示。在弹出如图 2.11 所示的对话框中选择“Dialog”，并点击“New”按钮。

(2) 右键单击新建对话框，点击“Add Class”，如图 2.12 所示。在弹出如图 2.13 所示对话框中将“Class name”设为“CDrawLineDlg”，点击“Finish”按钮。

5. 为对话框添加控件

(1) 为上述新建对话框添加一系列控件，如图 2.14 所示。

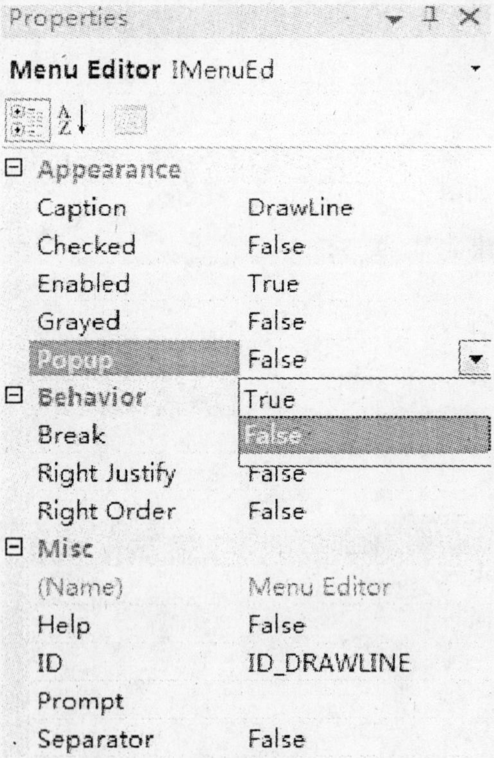

图 2.7　更改菜单项属性

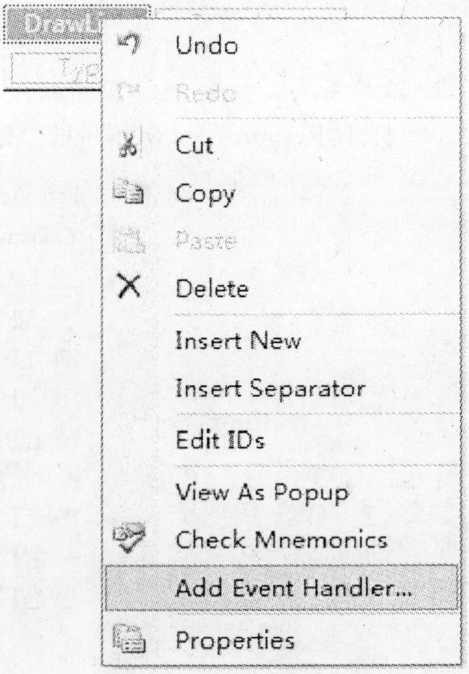

图 2.8　添加菜单响应消息

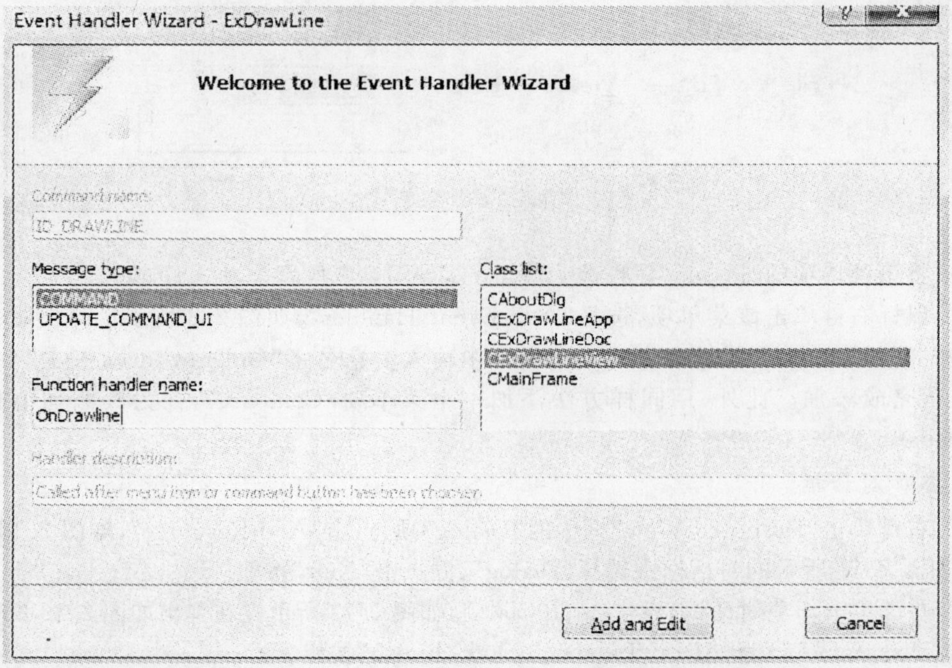

图 2.9　Event Handler Wizard 对话框

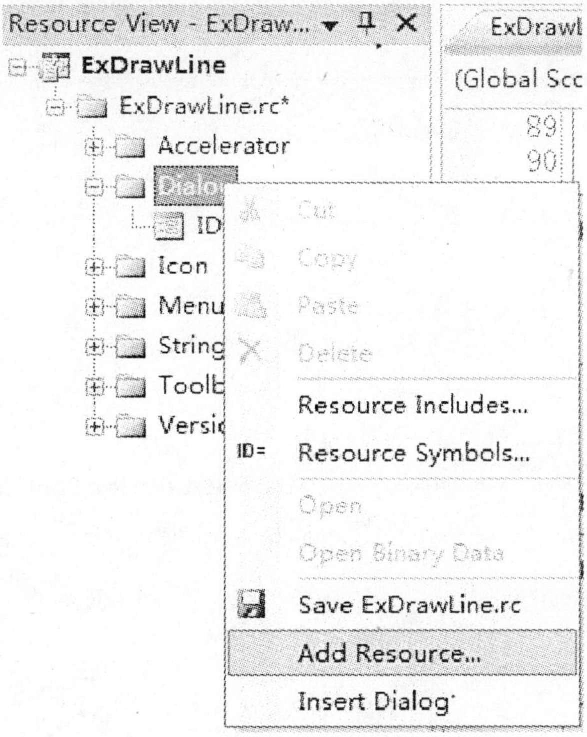

图 2.10　添加对话框

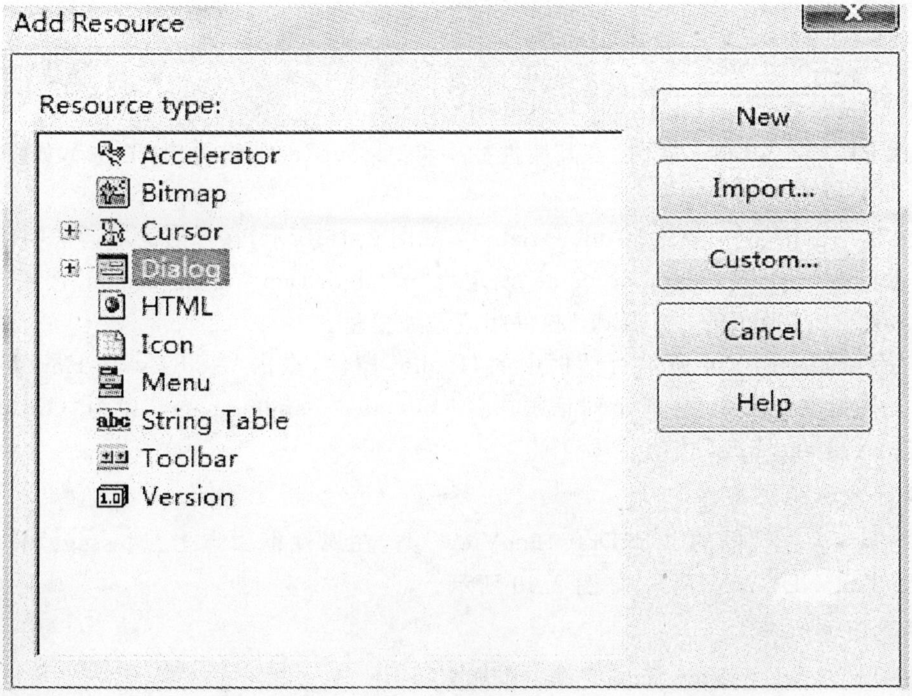

图 2.11　添加对话框

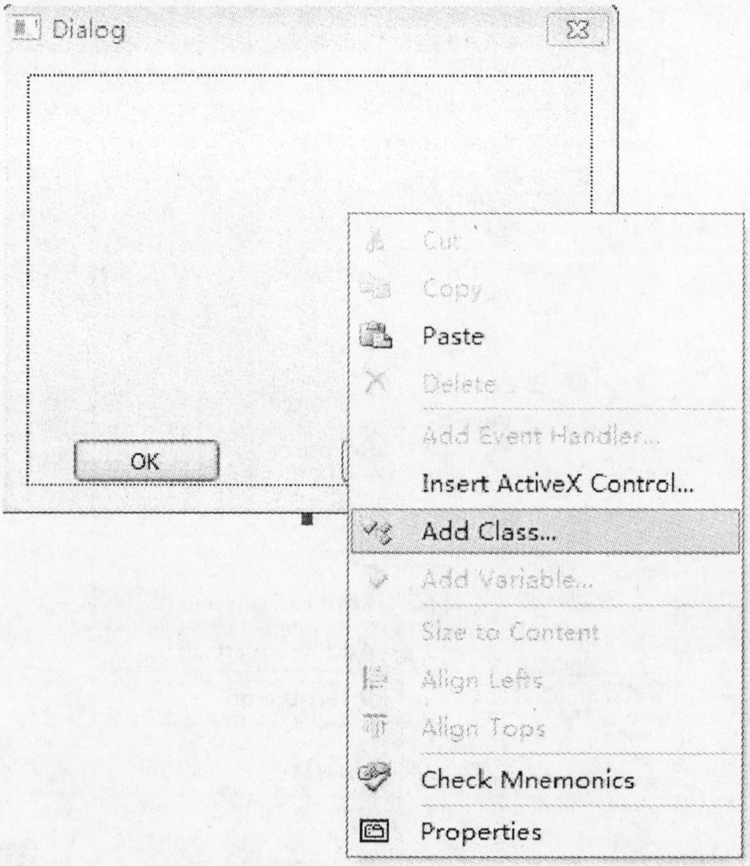

图 2.12 为对话框添加类

(2) 选中第一个“Radio”控件，在其属性栏中将“Group”的值设置为“True”，如图 2.15 所示。

(3) 右键单击该控件，点击“Add Variable”，如图 2.16 所示，在弹出的对话框中将“Variable type”设置为“int”，将“Variable name”设定为“m_algorithm”，点击“Finish”按钮。用同样的方法为如图 2.14 所示的 3 个“Edit”控件相应添加变量。

(4) 右键单击图 2.14 所示对话框中的“Radio”控件，点击“Add Event Handler”，如图 2.17所示。将弹出如图 2.18 所示对话框中的“Function handler name”设为“OnBnClickedMid”，点击“Add and Edit”按钮。

6. 添加鼠标响应事件

选中“Class View”框的“CExDrawLineView”类，在属性框中点击“Message”按钮，添加“WM_LBUTTONDOWN”消息，如图 2.19 所示。

7. 填充消息代码

(1) 在 ExDrawLineView. cpp 文件中添加引用

```
# include "DrawLineDlg.h"
# include "DrawLineAlgorithms.h"
```

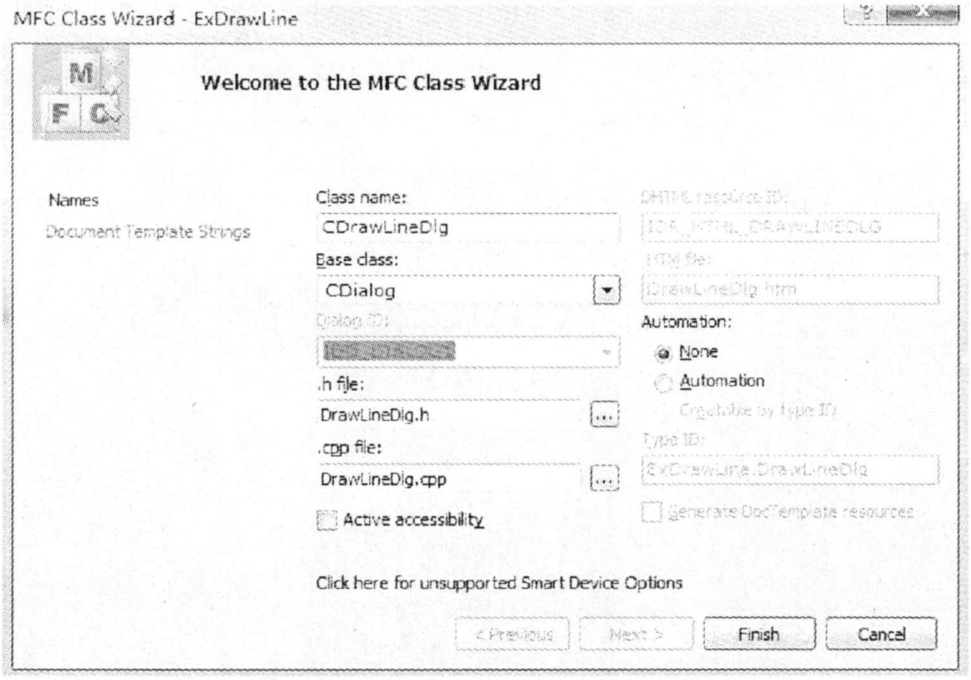

图 2.13 MFC Class Wizard 对话框

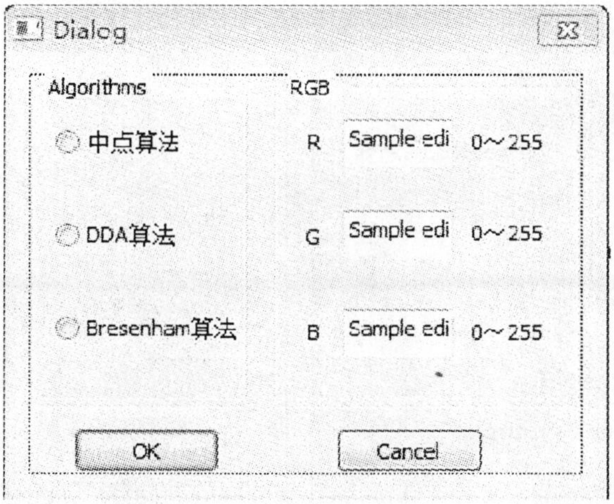

图 2.14 添加对话框控件

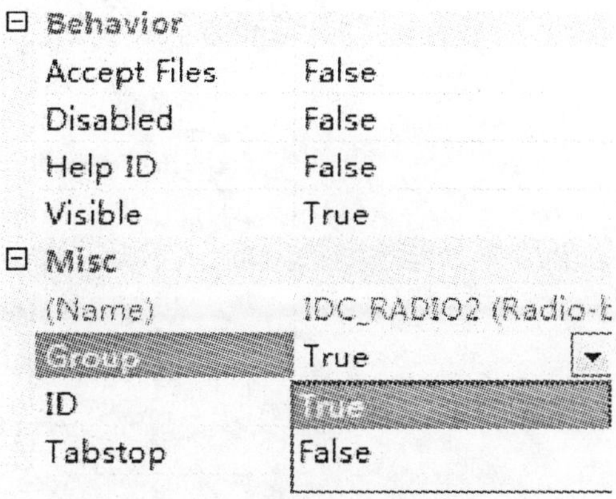

图 2.15 修改 Radio 控件属性

(2) 为上述过程中添加的事件消息函数添加实现代码

```
void CDrawLineDlg::OnBnClickedMid(){
  m_algorithm=0;   //选择中点算法
}
void CDrawLineDlg::OnBnClickedDDA(){
  m_algorithm=1;  //选择 DDA 算法
```

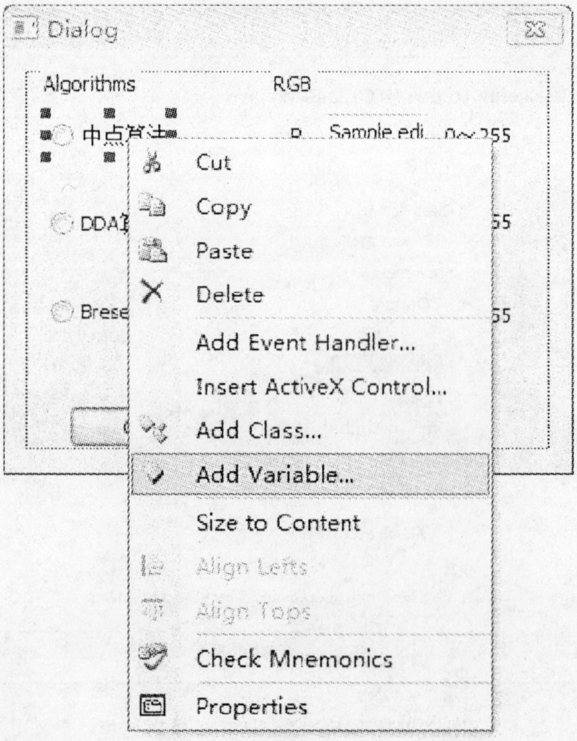

图 2.16　为控件添加变量

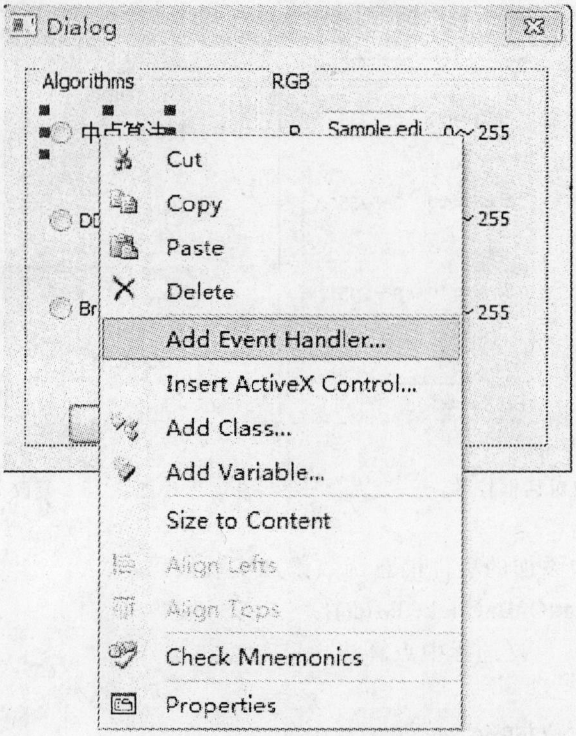

图 2.17　为控件添加消息

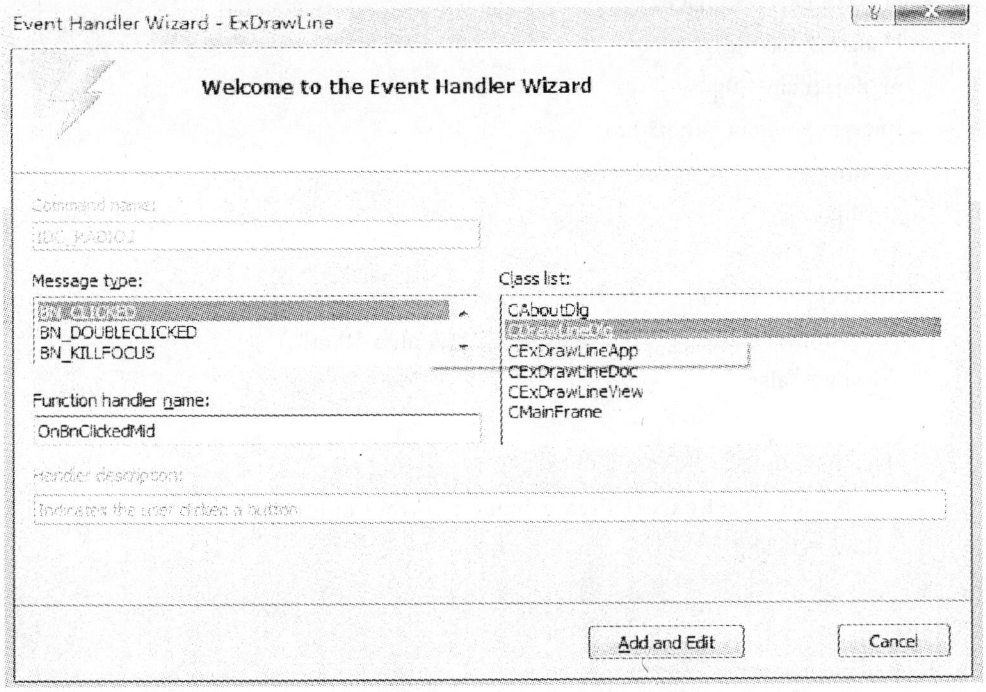

图 2.18　Event Handler Wizard 对话框

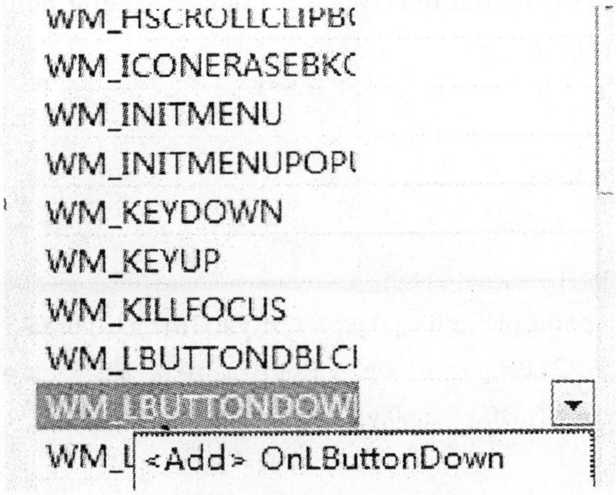

图 2.19　添加鼠标单击事件

```
}
void CDrawLineDlg::OnBnClickedBresenham(){
  m_algorithm=2;  //选择 Bresenham 算法
}
void CExDrawLineView::OnDrawline(){
  CDrawLineDlg dlg;
```

```
    if(dlg.DoModal()==IDOK){
        UpdateData(true);
        m_pointnum=0;
        linetype=dlg.m_algorithm;
        r=dlg.m_r;
        g=dlg.m_g;
        b=dlg.m_b;
        if(linetype==-1){
            AfxMessageBox(_T("Please select an algorithm!"));
          draw=false;
        }
        else if(r<0||r>255||g<0||g>255||b<0||b>255){
            AfxMessageBox(_T("Please input a correct color!"));
          draw=false;
      }
      else
        draw=true;
      }
}
void CExDrawLineView::OnLButtonDown(UINT nFlags, CPoint point){
  CDC *pDC=GetDC();
  if(draw){
    m_pointnum++;
    if(m_pointnum>=2){
      p1=point;
      switch(linetype){
      case 0:Middlepoint(pDC,p0.x,p0.y,p1.x,p1.y,RGB(r,g,b));break;
      case 1:DDA(pDC,p0.x,p0.y,p1.x,p1.y,RGB(r,g,b));break;
      case 2:Bresenham(pDC,p0.x,p0.y,p1.x,p1.y,RGB(r,g,b));break;
      default:break;
      }
      p0=p1;
    }
    else p0=point;
  }
  CView::OnLButtonDown(nFlags, point);
}
void CExDrawLineView::OnCompare(){
  CDC *pDC=GetDC();
```

```
CString msgDDA,msgBresenham,msgMiddlepoint;
CPoint point1(10,10),point2(100,100);
LARGE_INTEGER t1,t2,frq;
QueryPerformanceFrequency(&frq);//获取计数器频率
QueryPerformanceCounter(&t1);//获得计时初始值
for (int i＝0;i＜1000;i＋＋)
    DDA(pDC,point1.x, point1.x,point2.x,point2.y,RGB(0,0,0));
QueryPerformanceCounter(&t2);//获得计时终止值
msgDDA.Format(_T("使用 DDA 算法绘制一条从点(10,10)到点(100,100)的直线 1000 遍
耗时:% fms"),
    ((double)t2.QuadPart-(double)t1.QuadPart)/(double)frq.QuadPart * 1000);
QueryPerformanceCounter(&t1);
for (int i＝0;i＜1000;i＋＋)
    Bresenham(pDC,point1.x, point1.x,point2.x,point2.y,RGB(0,0,0));
QueryPerformanceCounter(&t2);
msgBresenham.Format(_T("使用 Bresenham 算法绘制一条从点(10,10)到点(100,100)的直
线 1000 遍耗时:% fms"),
    ((double)t2.QuadPart-(double)t1.QuadPart)/(double)frq.QuadPart * 1000);
QueryPerformanceCounter(&t1);
for (int i＝0;i＜1000;i＋＋)
    Middlepoint(pDC,point1.x, point1.x,point2.x,point2.y,RGB(0,0,0));
QueryPerformanceCounter(&t2);
msgMiddlepoint.Format(_T("使用中点画线算法绘制一条从点(10,10)到点(100,100)的直
线 1000 遍耗时:% fms"),
    ((double)t2.QuadPart-(double)t1.QuadPart)/(double)frq.QuadPart * 1000);
AfxMessageBox(msgDDA＋'\n'＋msgBresenham＋'\n'＋msgMiddlepoint);
}
```

8. 至此便完成了利用多种算法(DDA 算法、中点算法、Bresenham 算法)绘制直线以及对各算法的效率进行对比的程序,运行结果如图 2.20 和图 2.21 所示。

二、连续生成横向椭圆系列和纵向椭圆系列,并最终形成如图 2.22 效果

1. 参照实例一的方法建立项目并添加一个. h 文件和一个. CPP 文件

(1)在创建的. h 文件中添加相应代码

```
//椭圆绘制函数
void ellipseMidpoint(CDC * pDC,int xCenter, int yCenter, int rx, int ry, COLORREF color);
//在 4 个象限中分别绘制椭圆轨迹上的点
void ellipsePlotPoints(CDC * pDC,int xCenter, int yCenter, int x, int y, COLORREF color);
```

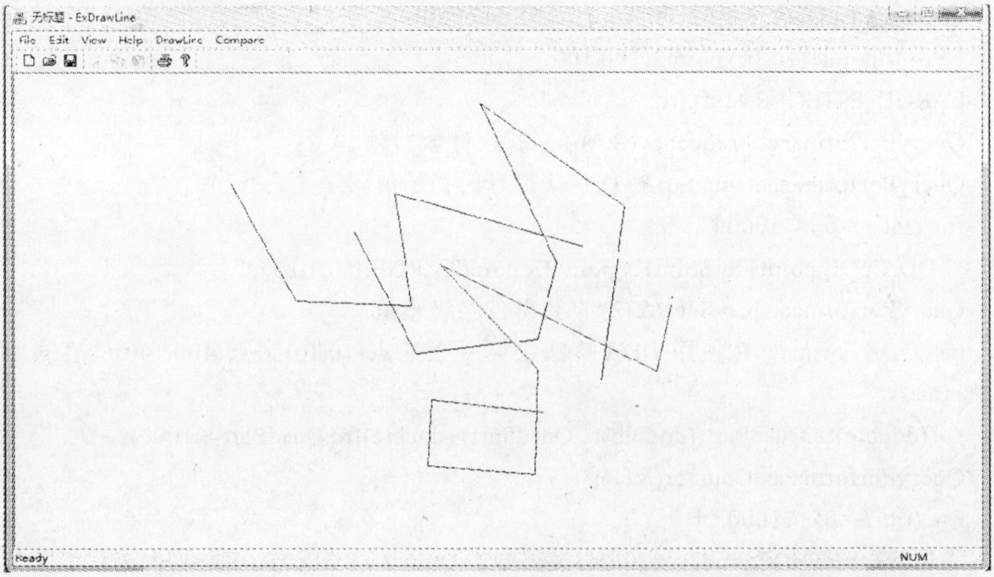

图 2.20 多种算法(DDA 算法、中点算法、Bresenham 算法)绘制直线

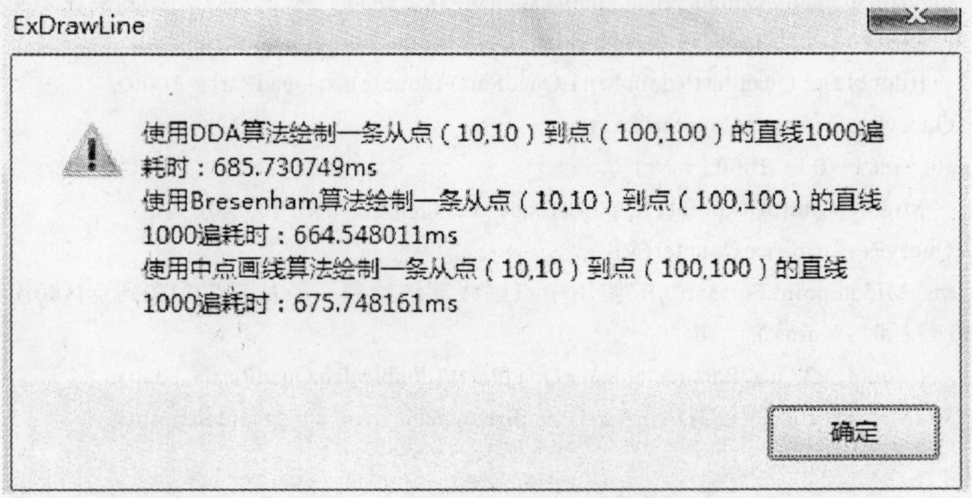

图 2.21 多种算法绘制直线效率对比

(2)在创建的.CPP 文件中添加相应实现代码

```
# include "stdafx.h"
# include "Animationfunc.h"
void ellipseMidpoint(CDC * pDC,int xCenter, int yCenter, int rx, int ry, COLORREF color){
    int rx2=rx * rx,ry2=ry * ry;
    int tworx2=2 * rx2,twory2=2 * ry2;
    int p,x=0,y=ry,px=0,py=tworx2 * y;
        ellipsePlotPoints(pDC,xCenter,yCenter,x,y,color);
        p=(int)((ry2-(rx2 * ry)+0.25 * rx2)+0.5);
```

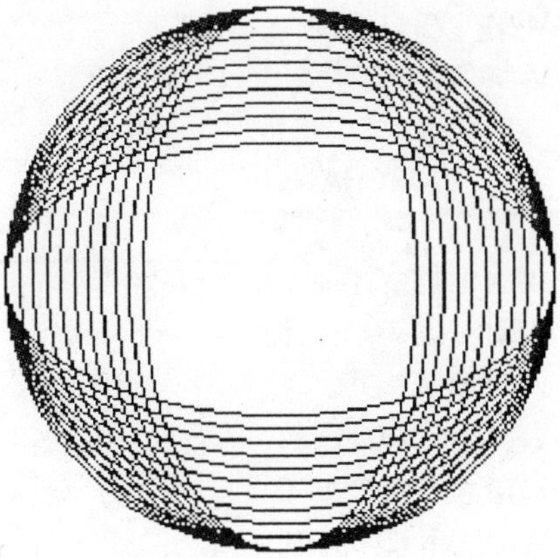

图 2.22　实例二效果图

```
    while(px<py){
        x++; px+=twory2;
        if(p<0) p+=ry2+px;
        else{
            y--; py-=tworx2; p+=ry2+px-py;
        }
        ellipsePlotPoints(pDC,xCenter,yCenter,x,y,color);
    }
    p=(int)((ry2 * (x+0.5) * (x+0.5)+rx2 * (y-1) * (y-1)-rx2 * ry2)+0.5);
    while(y>0){
        y--; py-=tworx2;
        if(p>0) p+=rx2-py;
        else{
            x++; px+=twory2; p+=rx2-py+px;
        }
        ellipsePlotPoints(pDC,xCenter,yCenter,x,y,color);
    }
}
void ellipsePlotPoints(CDC * pDC,int xCenter, int yCenter, int x, int y, COLORREF color){
    pDC->SetPixel(xCenter+x,yCenter+y,color); pDC->SetPixel(xCenter-x,yCenter+y,
color);
    pDC->SetPixel(xCenter+x,yCenter-y,color); pDC->SetPixel(xCenter-x,yCenter-y,color);
}
```

2. 选中“Class View”中的“CDrawEllipseView”类，然后添加“WM_TIMER”消息，如图 2.23 所示。依次方法添加“WM_LBUTTONDOWN”消息。

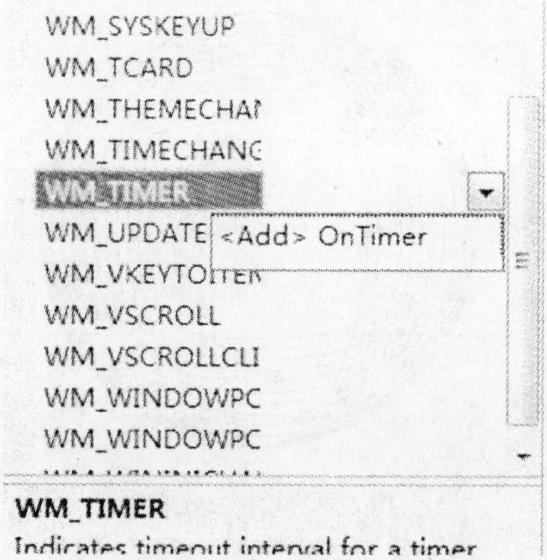

图 2.23　添加 WM_TIMER 消息函数

3. 填充消息代码

(1)在 view 类的 CPP 文件中引用之前创建的. h 文件

```
# include "Animationfunc.h"
```

(2)添加消息函数的实现代码

```
void CDrawEllipseView::OnTimer(UINT_PTR nIDEvent){
   CDC ＊pDC＝GetDC();
   if(r＞0){
      ellipseMidpoint(pDC,x, y, m, r,RGB(0,0,0));
      ellipseMidpoint(pDC,x, y, r, m, RGB(0,0,0));
      r-＝5; Invalidate(false);
   }
   else{
      pDC-＞MoveTo(x-m,y);pDC-＞LineTo (x＋m,y);
      pDC-＞MoveTo(x,y＋m);pDC-＞LineTo(x,y-m);
   }
   CView::OnTimer(nIDEvent);
}
void CDrawEllipseView::OnLButtonDown(UINT nFlags, CPoint point){
   SetTimer(1,50,NULL);r＝100;m＝100;x＝point.x;y＝point.y;
   CView::OnLButtonDown(nFlags, point);
}
```

4. 至此,便完成了连续生成横向椭圆系列和纵向椭圆系列程序,运行结果如图 2.22 所示。

第三章　区域填充

作为基本要求，读者在本次实习中可在4个题目中任选一题来完成，但建议读者在前两题和后两题中各选一题，力争完成两个题目，因为多边形填充和种子填充在实现方法及适用范围方面有很大差异。

在编程时可能需要在屏幕上绘制线段，建议读者使用自己在第二章实习中实现的画线程序，也允许读者使用MFC中的画线函数，包括MoveTo(int, int)、LineTo(int, int)等；另外，在编写种子填充程序时可能用到函数SetPixel(int, int, COLORREF)。这些函数的具体使用方法可参考MFC或VC＋＋使用手册，也可查看VS2005(2008)的联机帮助。请注意，在VS2005(2008)图形模式下，设备坐标系原点在屏幕左上角，x轴正方向向右，y轴正方向向下。

3.1　基于交点计算的多边形扫描线填充

【内容】

这里所说的“扫描线”，不应局限地理解为光栅显示器的水平扫描线（虽然它确实常常用来表示后者，而且许多教科书也将两者等同起来）。在多边形填充中，扫描线指的是与多边形相交的一组平行直线，它们可以具有任意的倾角，当在屏幕上显示时，这些扫描线之间可以是紧密地挨着，也可以有一定距离。

多边形扫描线填充，就是绘出每条扫描线在多边形内的部分。如果扫描线紧挨着，填充的结果就是以扫描线的颜色涂布整个多边形从而形成实面积图；如果扫描线间有一定间隔，填充的效果就是给多边形加上了某个角度的阴影线。

一条扫描线，如果与多边形有交点，交点数目必为偶数（当交点正好是多边形的顶点时，此交点的计数应作具体分析，这就是所谓“奇异点处理”。具体地说，若此顶点相联的两条边在扫描线同侧，此交点应被计数两次，称“二次交点”；若两条边在异侧，交点只应计数一次，称“一次交点”；另外，与扫描线平行或重合的多边形边，认为它们与扫描线之间无交点，在作奇异点分析时，此边应被忽略，它所联系的两个顶点只应被看做一个顶点。若分析结果得出此顶点为“二次交点”，则意味着原来的两个顶点都是“一次交点”；若分析结果得出此顶点为“一次交点”，则原来的两个顶点中只有一个顶点能计数一次，为“一次交点”，另一顶点不能计数，为“零次交点”），要绘出扫描线在多边形内的部分，只需将偶数个交点两两配对，在每对交点间绘直线即可。对每条扫描线都如此处理，即可完成整个多边形的扫描线填充。这就是“基于交点计算的多边形扫描线填充”。

本实习要求读者根据以上思路编写程序，实现多边形扫描线填充。

【算法思想】

用一个线性表L依横坐标、纵坐标（或纵坐标、横坐标）从小到大（或从大到小）有序地存放求得的交点。

算法步骤描述如下。

(1)根据扫描线的既定倾角对多边形每个顶点作奇异点分析，判定它是“一次交点”、“二次交点”还是“零次交点”，并将分析结果存储起来。

(2)求出多边形顶点坐标的范围，即 x，y 坐标的最大值与最小值，以此决定扫描线的变化范围。在倾角既定的情况下，可以用在 x 轴或 y 轴上的截距来确定一条扫描线，截距的范围 $[bmin, bmax]$ 则表示扫描线的变化范围。

(3)设置当前扫描线的截距 $b=bmin$。

(4)若 $b>bmax$ 则结束，否则转(5)。

(5)处理当前扫描线，先把线性表 L 置空，对多边形的每条边，求它与当前扫描线的交点，每求得一个交点，判断此交点是否正好是多边形顶点，若此交点不是多边形顶点，则将此交点坐标值依坐标大小次序插入 L，否则，作奇异点处理：若判定此交点是“零次交点”，则不插入线性表 L；若是“二次交点”，则依序插入 L。对于“一次交点”，则要查看 L 中是否已有相同坐标的交点，若存在相同坐标的交点，则不插入，若不存在则依序插入。对多边形的每条边都求完交点后，L 要么为空，要么存放着偶数个交点坐标。若是前一情况，则当前扫描线已处理完；若是后一情况，则从头至尾每次从 L 中取出两个交点坐标作为端点绘制直线(实际上是线段)。

(6)依据扫描线倾角和扫描线间距求得下一条扫描线的截距 b，转(4)。

【实现提示】

多边形由顶点和边构成，若不考虑含“孔”或“岛”的多边形，多边形就可由依一定次序的顶点坐标完全确定，因此只需要依顺时针或逆时针次序存放各顶点坐标即可表示一个多边形。另外，为了便于处理，也可以把对顶点进行奇异点分析的结果和该顶点的坐标存放在一起。

【基本要求】

固定扫描线倾角(如 0°，45°，90°，135°)，由用户设置多边形各顶点坐标、扫描线间隔和扫描线颜色，编写程序实现正确填充。

该程序虽能为多边形填上固定倾角的扫描线，但由于求交点和处理奇异点时可以充分利用扫描线在倾角上的特殊性，因此程序的复杂度将有所降低。

【提高要求】

编写更加通用的扫描线填充程序，多边形顶点坐标及扫描线倾角、颜色、间距均由用户随意设置，实现正确填充。

【思考题】

(1)上面提供的算法仅供参考，读者可以有自己的处理方法。例如，线性表 L 不必始终是有序的，可以在所有交点求完之后一次性排序；又如，不必先进行奇异点分析，可以在每次求出交点后判断其是否恰是多边形顶点，若是，再对相应顶点进行奇异点分析，根据分析结果作不同的操作。若这样处理，程序应如何改动？

(2)你的程序能否正确处理有边相交的多边形的填充？能否正确处理有边重合的多边形的填充？能否正确处理有顶点重合的多边形的填充？

(3)如果要求程序能够填充含“孔洞”的多边形，则用来表示多边形的数据结构应作怎样的调整？程序又应作哪些改动？

(4)处理扫描线通过顶点交点计算有两种方法：一种方法是通过鉴别共享一个多边形顶点

的两条边界与扫描线间的拓扑关系来确定扫描线与该顶点相交时的交点数目；另一种方法是缩短共享多边形顶点的某些边，从而分离交点数应计为1的顶点。这两种方法在交点计算上有什么不同？在程序中如何正确实现这两种方法？试比较其优劣。

3.2　边相关多边形扫描线填充

【内容】

由于既利用了扫描线相关性又利用了多边形边相关性，边相关扫描线填充算法在求扫描线与多边形的交点及作奇异点处理等方面较巧妙，效率也较高。

边相关扫描线填充算法一般用来填充实面积图，该算法中使用的扫描线是一组紧密排列的水平线，若对它稍加修改也能用来填充水平或垂直阴影线，不仅如此，经进一步修改，此算法甚至能完成任意倾角及间距扫描线填充。

边相关扫描线填充算法的核心程序如下。

```
//求舍入的宏
# define round(x) ((x>0)? (int)(x+0.5):(int)(x-0.5))
//边记录结构
struct edge{
  int ymax;  float xi;
  float m;  struct edge * next;
};
//多边形顶点坐标: x0,y0,x1,y1,...
int polypoints[ ]={
  100,300,  200,200,  300,200,  300,350,
  400,250,  450,300,  300,50,  100,150
};
//将一条边记录插入边记录构成的链表的表头
void insert_et(struct edge * anedge, struct edge * * p_edges){
   struct edge * p;
   p= * p_edges; * p_edges=anedge; anedge->next=p;
   }
//复制一条边记录插入有效边表,维持有效边表的有序性
short insert_aet(struct edge * p, struct edge * * p_aet){
  struct edge * q, * k, * l;
  if(! (q=new struct edge)){
    AfxMessageBox("\ nOUT MEMORY IN INSERTING EDGE RECORD TO AET\ n");
    return 0;
  }
  q->ymax=p->ymax; q->xi=p->xi; q->m=p->m; q->next=NULL;
  if(! ( * p_aet)| | (( * p_aet)->xi>q->xi)| | ((( * p_aet)->xi= =q->xi)&&(( * p_aet)->m
```

```
>q->m))){
        l= * p_aet; * p_aet=q; q->next=l;
    }
    else{
        l= * p_aet; k=l->next;
        while(k&&(k->xi<q->xi)){
            l=k; k=k->next;
        }
        if(k&&(k->xi==q->xi)&&(k->m<q->m)){
            l=k; k=k->next;
        }
        l->next=q; q->next=k;
    }
    return 1;
}
//从(x1,y)到(x2,y)用 color 色绘水平直线
void draw_line(int x1,int x2,int y,int color){
    int i;
    y=getmaxy()-y;//进行坐标变换
        for(i=x1;i<=x2;i++)
            putpixel(i,y,color);
}
//多边形扫描线填充:numpoint 是多边形顶点个数;points 存放多边形顶点坐标
//(x0,y0,x1,y1,...);color 是填充色
void poly_fill(int numpoint,int * points,int color){
    struct edge  * * et=NULL, * aet, * anedge, * p, * q;int i,j,maxy,miny,x1,y1,x2,y2,yi,znum;
    maxy=miny=points[1];znum=2 * numpoint;
    for(i=3;i<znum;i++){
        if(maxy<points[i]) maxy=points[i];
        else if(miny>points[i])   miny=points[i];
        i++;
    }
    if(! (et=new struct edge  * [maxy-miny+1])){   //建立边表 ET
        AfxMessageBox("\ nOUT MEMORY IN CONSTRUCTING ET\ n");
        return;
    }
    for(i=0;i<maxy-miny+1;i++)   et[i]=NULL;
    x1=points[znum-2]; y1=points[znum-1];
//处理多边形所有边,为每条非水平边建立一个边记录,并将其插到 ET 表中的合适位置
```

```
for(i=0;i<znum;i+=2) {
  x2=points[i];y2=points[i+1];
  if(y1!=y2){ //只考虑非水平边
    if(! (anedge=new struct edge)){
    AfxMessageBox("\ nOUT MEMORY IN CONSTRUCTING ET.\ n");
    goto quit;
  }
  anedge->m=(float)(x2-x1)/(y2-y1);anedge->next=NULL;
  if(y2>y1){ //处理奇异点
  j=i+1;
  do{   //向后略过所有水平边
    if((j+=2)>=znum)j-=znum;
  }while(points[j]==y2);
  if(points[j]>y2)  anedge->ymax=y2-1;
//若(x2,y2)不是局部极值点,边记录的 ymax 域为 y2-1,这样处理扫描线 y=y2 时
//此边记录将不在 AET 中,从而不会产生交点
    else anedge->ymax=y2;
//若(x2,y2)是局部极值点,边记录的 ymax 域为 y2,这样处理扫描线 y=y2 时
//此边记录将在 AET 中,从而会产生一个交点
    anedge->xi=x1;
    insert_et(anedge,&et[y1-miny]);
   }
   else{
    j=i+1;  //向前略过所有水平边
    do{
      if((j-=2)<0)j+=znum;
    }while(points[j]==y1);
    if(points[j]>y1)  anedge->ymax=y1-1;
//若(x1,y1)不是局部极值点,边记录的 ymax 域为 y1-1,这样处理扫描线 y=y1 时
//此边记录将不在 AET 中,从而不会产生交点
    else anedge->ymax=y1;
//若(x1,y1)是局部极值点,边记录的 ymax 域为 y1,这样处理扫描线 y=y1 时
//此边记录将在 AET 中,从而会产生一个交点
    anedge->xi=x2;
    insert_et(anedge,&et[y2-miny]);
  }
}
x1=x2;
y1=y2;
```

```
}
aet=NULL;//初始化有效边表 AET
//从低到高逐条处理扫描线将 ET 表中与 yi 对应的边记录链表中的全部边
//记录都按序并入 AET 中
for(yi=miny;yi<=maxy;yi++){
  p=et[yi-miny];
  while(p){
    if(! insert_aet(p,&aet))   goto quit;
    p=p->next;
  }
  p=aet;
//依次取出 AET 各记录中的 xi 坐标值,两两配对,对每对 xi 之间的像素填上所要求的颜
色
  while(p){
    draw_line(round(p->xi),round(p->next->xi),yi,color);
    p=p->next->next;
  }
  p=aet;
//对 AET 中的每个记录,若它的 ymax==yi,则删除该记录,否则用 xi+1/m 代替 xi,
//这就是该记录所对应的边线与下一条扫描线 y=yi+1 的交点
  while(p&&(p->ymax==yi)) {
      aet=p->next; delete p; p=aet;}
     while(p){
       if(p->ymax==yi){
          q->next=p->next;delete p;p=q->next;
       }
       else{
          p->xi+=p->m;q=p;p=p->next;
            }
       }
    }
  quit:
    if(et){ //释放动态申请的内存
      for(yi=miny;yi<=maxy;yi++){
          q=p=et[yi-miny];
          while(p){
             q=p->next;delete p;p=q;
          }
       }
```

```
        delete[ ] et;
    }
}
```

通过正确调用以上函数，便可实现水平无间隔的边相关扫描线填充。

【算法思想】

参见教材相关内容及上面程序的注释。

【实现提示】

构建有序边表和活化边表减少求交计算量。有序边表中每个节点包含该边的最大 y 值、边下端点 x 坐标值和边斜率倒数(即$(x_2-x_1)/(y_2-y_1)$)；活化边表中每个元素的内容包括以下几项：该边的最大 y 值，与当前扫描线相交的点的 x 坐标值，边斜率倒数。在程序中，对于奇异点需要进行不同的处理；与扫描线平行或重合的边无需进行求交计算，从而减少计算量。

【基本要求】

修改以上程序，把扫描线改为垂直线，并按从右到左的次序逐条处理扫描线。

【提高要求】

(1)进一步修改程序，使程序能填充任意间距的垂直阴影。

(2)进一步修改程序，使程序能正确填充含有相交边的多边形。

(3)将程序修改为更加通用的扫描线填充程序，多边形顶点坐标及扫描线倾角、颜色、间距均由用户随意设置，实现正确填充(提示：利用二维旋转变换)。

【思考题】

(1)在多边形填充中，采用"有序边表"和"活化边表"存储和管理其填充过程信息。结合教材相关内容以及以上给出的程序，深刻体会它们的作用。

(2)以上所列程序对多边形边界是如何填充的？如果要求填充多边形所有边界，程序应如何改动？如果要求不填充多边形所有边界呢？

3.3　简单种子填充

【内容】

简单种子填充算法以单个像素作为处理对象，即每次只检验和填充一个像素。

可以用递归结构实现这种填充，相应的程序非常简洁易读，但是，程序的空间耗费将甚为巨大。随着区域所含像素数目的增长，递归深度将不可控制，如果不作特殊处理，区域稍大，内部栈空间的溢出就会导致系统崩溃。

为了在一定程度上节省空间，也为了在内存空间不敷使用时防止系统的崩溃，可以用迭代来代替递归，即使用一个栈存放待填充的像素坐标，用它来模拟递归过程。

本实习要求读者同时用递归和非递归两种方式实现简单种子填充并对两种方式进行比较，以便更深入地理解简单种子填充算法。

【算法思想】

以下假设所填充的是四连通区域。

用递归方式实现简单种子填充很简单：若种子点是区域内未填充的像素，则填充之(即赋予所要求的颜色或亮度)，并分别将种子点下面、左面、上面和右面紧邻的像素作为新的种子点施行同样过程;否则立即结束。

用非递归方式时,需使用一个栈S存放像素坐标,具体步骤如下。

(1)使栈S为空。

(2)将种子点坐标压入栈S。

(3)重复执行以下各步,直至栈空。

1) 从栈顶弹出一像素坐标赋给(x, y)。

2) 若(x, y)处像素是区域内尚未填充的像素,则:

a) 填充(x, y)处像素(即赋以所要求的颜色或亮度);

b) 若$(x+1, y)$处像素是区域内尚未填充的像素,则将$(x+1, y)$压入栈S;

c) 若$(x, y+1)$处像素是区域内尚未填充的像素,则将$(x, y+1)$压入栈S;

d) 若$(x-1, y)$处像素是区域内尚未填充的像素,则将$(x-1, y)$压入栈S;

e) 若$(x, y-1)$处像素是区域内尚未填充的像素,则将$(x, y-1)$压入栈S。

(4)结束。

【实现提示】

"栈"这种抽象数据类型(ADT)有多种实现方法,可以用静态存储结构,也可以用动态存储结构。如果用静态存储结构来实现,则存储空间应在程序能正常开始运行的前提下尽量地大。无论用哪种实现方法都需处理栈溢出的情况。

【基本要求】

用VS2005(2008)编写一个程序,其中包含两个函数,它们分别用递归和非递归的方法实现内部定义的四连通区域的简单种子填充,在主函数中依次调用这两个函数,观察它们实施填充的过程。

【提高要求】

修改上述两个函数,分别用递归和非递归的方法实现边界定义的八连通区域的简单种子填充,并使这两个函数永远不会填充到显示平面以外。

【思考题】

(1)四连通区域的种子填充的缺点是有时不能通过狭窄区域,因而不能填满多边形;八连通区域的种子填充的缺点是有时会超填出多边形的边界。对于一个任意的多边形,既要填满多边形又不能超填出边界,有什么好的方案吗?

(2)在区域填充中,除四连通和八连通区域之外,还有十六连通区域。试实现十六连通区域的简单种子填充,它与四连通区域的简单种子填充、八连通区域的简单种子填充有什么不同?试比较这3类简单种子填充。

(3)你编写的用递归和非递归的方法实现简单种子填充的两个函数填充像素的次序是否完全一致?如不是,如何保证它们完全一致?

(4)以上所讨论的,无论递归还是非递归的方法都不能避免数据的多次重复压栈,能解决这个问题吗?方案真能节省空间吗?如果方案是用时间换取空间,那么在时间上付出的代价能否承受?

3.4　扫描线种子填充

【内容】

与简单种子填充以像素为操作单位的做法不同，扫描线种子填充以扫描线上的区段(同一扫描线上相连着的若干内部像素的集合)为单位进行操作，每个区段只将其中一个像素作为整个区段的代表压入堆栈，这样不仅可以大量节省栈空间，也因为减少了许多堆栈操作时间而加快了速度。

本实习要求读者编程实现这一算法。

【算法思想】

以下假设所填充的是四连通区域。使用一个栈S存放像素坐标，算法步骤如下。

(1)使栈S为空。

(2)将种子点坐标压入栈S。

(3)重复执行以下各步，直至栈空。

1) 从栈顶弹出一像素坐标赋给(x, y)。

2) 若(x, y)处像素是区域内尚未填充的像素，则：

a) 求(x, y)所属区段最左边像素和最右边像素的横坐标x_{left}和x_{right}；

b) 填充从(x_{left}, y)到(x_{right}, y)的整个区段；

c) 检查相邻的上下扫描线在$[x_{left}, x_{right}]$区间内是否存在需填充的新区段，若存在，则把每个新区段在$[x_{left}, x_{right}]$区间内的最右边的像素坐标压入栈S。

(4)结束。

【实现提示】

与简单种子填充类似，在扫描线种子填充中“栈”这种抽象数据类型(ADT)有多种实现方法，可以用静态存储结构，也可以用动态存储结构。如果用静态存储结构来实现，则存储空间应尽量大一些。无论用哪种实现方法都需要处理栈溢出的情况。

【基本要求】

编程实现内部定义的四连通区域的扫描线种子填充。

【提高要求】

修改以上程序，实现边界定义的八连通区域的扫描线种子填充，并使程序永远不会填充到显示平面以外。

【思考题】

(1)以上给出的算法中步骤(3)－2)－a)暗示着两个循环(向左找和向右找)；步骤(3)－2)－c)也是一个循环；如果填充区段时不用画线指令而是一个像素一个像素地填充，则步骤(3)－2)－b)同样是一个循环，考虑一下，这些循环中哪些可以合并成一个循环？怎样改动程序以实现这种合并？

(2)如果规定压入堆栈的像素必是它所代表的区段的最右端(或最左端)的像素，程序应如何改动？注意，改动程序应考虑两个方面的问题：首先，要使压入堆栈的像素满足这一规定；另外，改动程序的其他部分，以便利用这个规定提高效率。

(3)以上所讨论的算法不能避免同一区段的多次重复压栈，能在不付出太多时间的前提下解决这个问题吗？

3.5 实 例

一、边相关多边形扫描线填充程序

由用户在界面中任意设置多边形顶点坐标及扫描线倾角、颜色、间距，实现正确填充（提示：利用二维旋转变换）。

1. 新建绘图程序项目

(1) 从“File”菜单选择“New”→“Project”，弹出“New Project”对话框，如图 3.1 所示。

(2) 在图 3.1 所示对话框的“Project types”中选择“Visual C＋＋”选项下的“MFC”，在“Templates”中选择“MFC Application”，在“Name”编辑框中输入项目的名字“PolygonFill”，在“Location”中指定工程文件的存储路径。

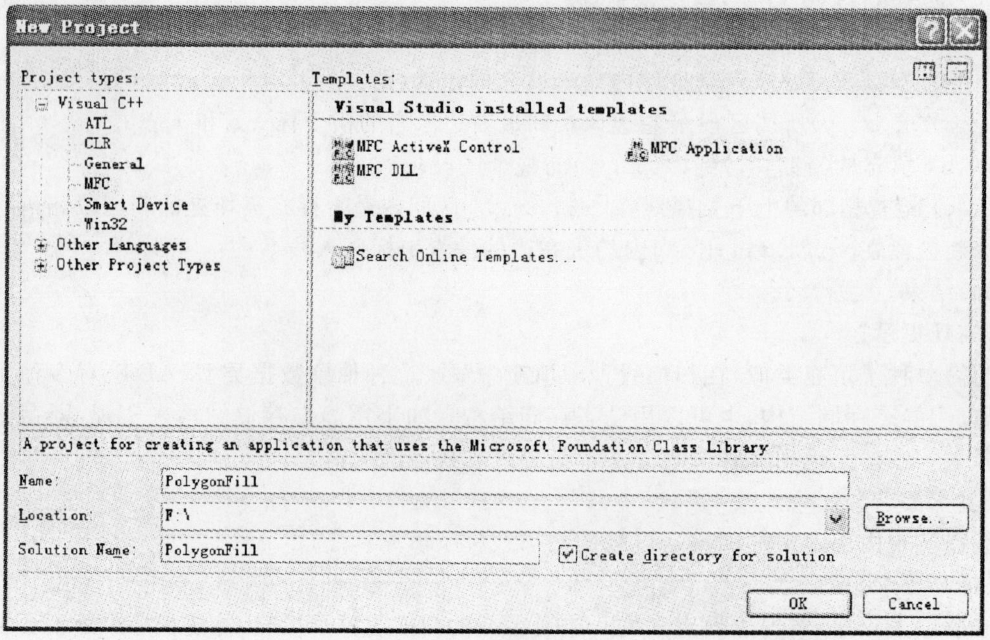

图 3.1 New Project 对话框

(3) 单击“OK”按钮，然后点击“Next”，弹出图 3.2 所示“MFC Application Wizard”对话框，在“Application type”中选择“Single document”，单击“Finish”按钮。

2. 添加对话框资源

(1) 在“Solution Explorer”中右键单击工程名，如图 3.3 所示，选择“Add”→“Resource”。

(2) 弹出图 3.4 所示“Add Resource”对话框，在该对话框中，选择“Dialog”点击“New”。

(3) 设置新建的对话框布局，如图 3.5 所示。

(4) 如图 3.6 所示，鼠标右键单击对话框，在弹出的右键菜单中选择“Add Class...”，弹出如图 3.7 所示的“MFC Class Wizard”对话框，在“Class name”编辑框中输入类的名字

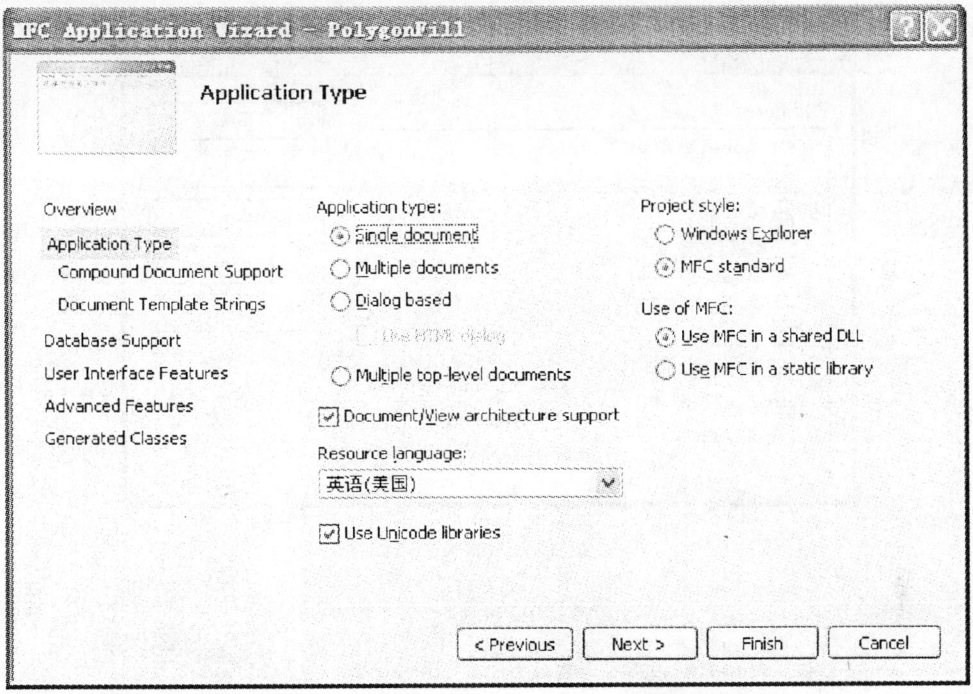

图 3.2　MFC Application Wizard 对话框

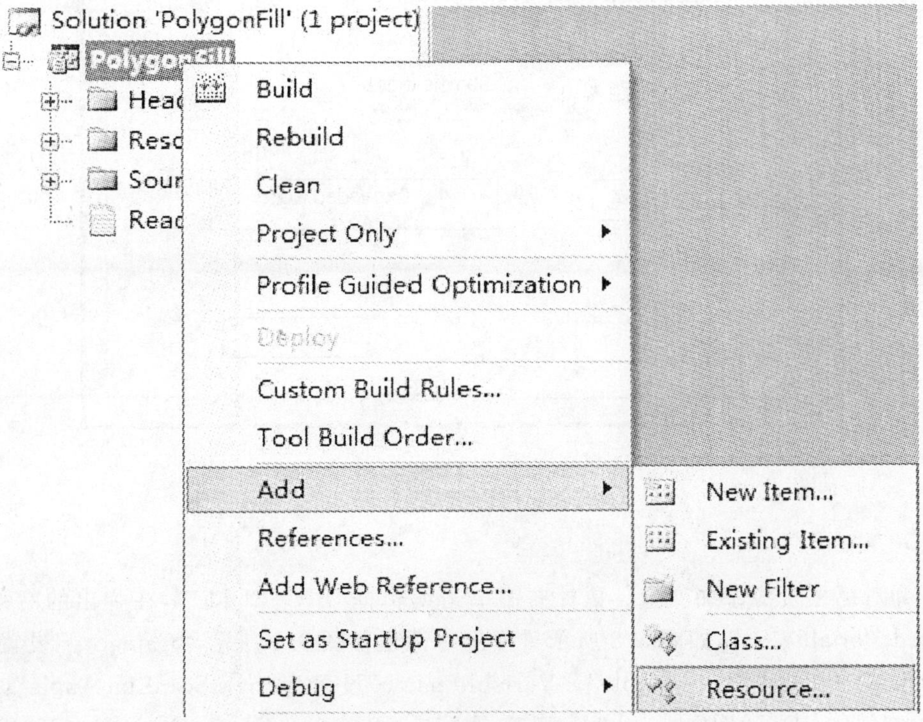

图 3.3　添加资源

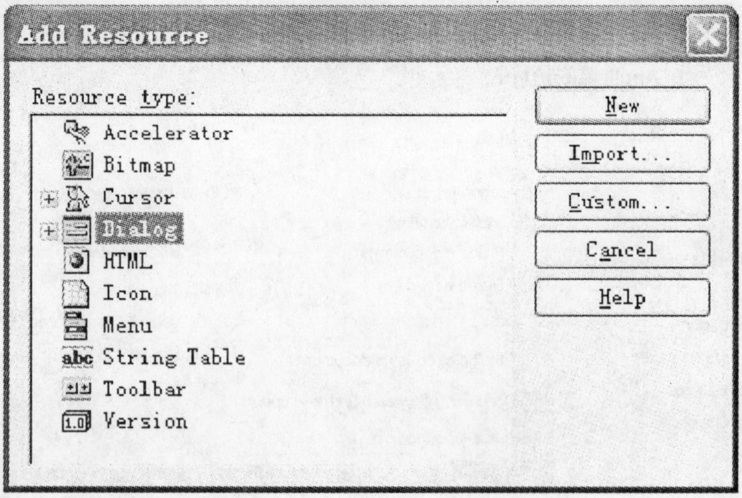

图 3.4　Add Resource 对话框

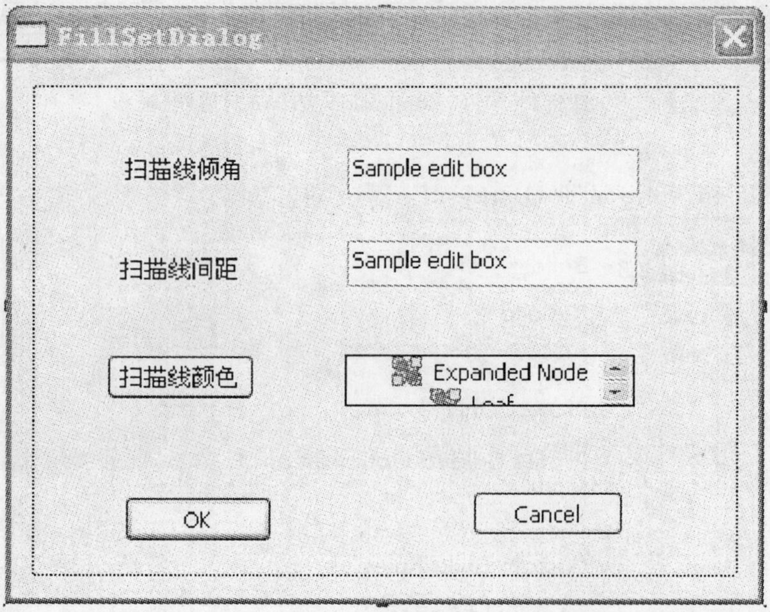

图 3.5　对话框布局

“CFillSet”。

(5) 为对话框资源添加变量。鼠标右键单击编辑框“IDC_EDIT1”,在弹出的右键菜单中选择“Add Variable...”,如图 3.8 所示。弹出对话框如图 3.9 所示,“Category”设置为“Value”,“Variable type”设置为“double”,“Variable name”设置为“m_nScanLineAngle”。用同样的方法为“IDC_EDIT2”添加 double 型变量“m_nScanLineGap”;为“IDC_TREE1”添加 CTreeCtrl 型变量“m_nScanLineColor”。

(6) 如图 3.10 所示鼠标右键单击“扫描线颜色”按钮,在弹出的右键菜单中选择“Add

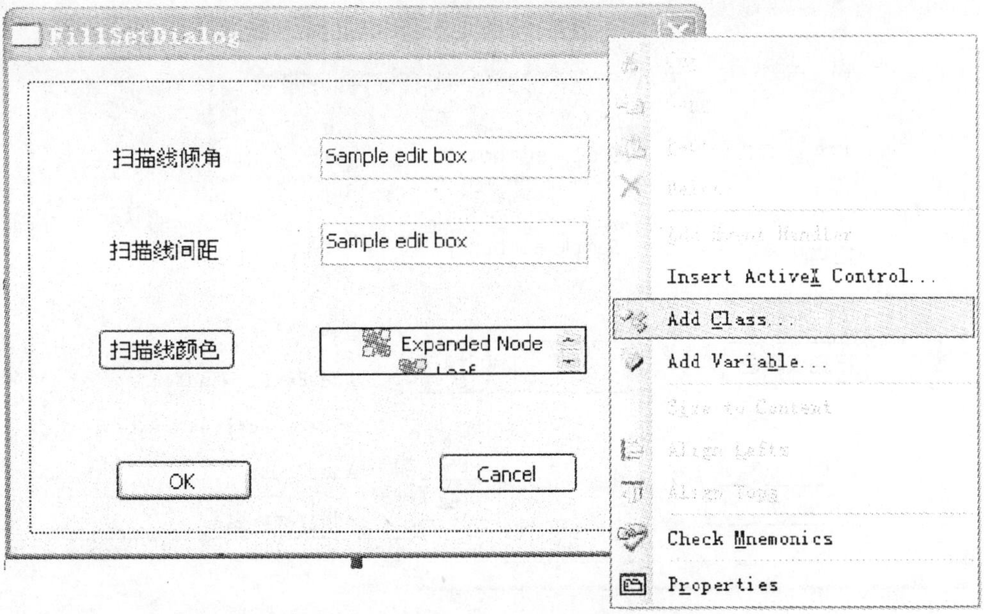

图 3.6　为对话框资源添加类

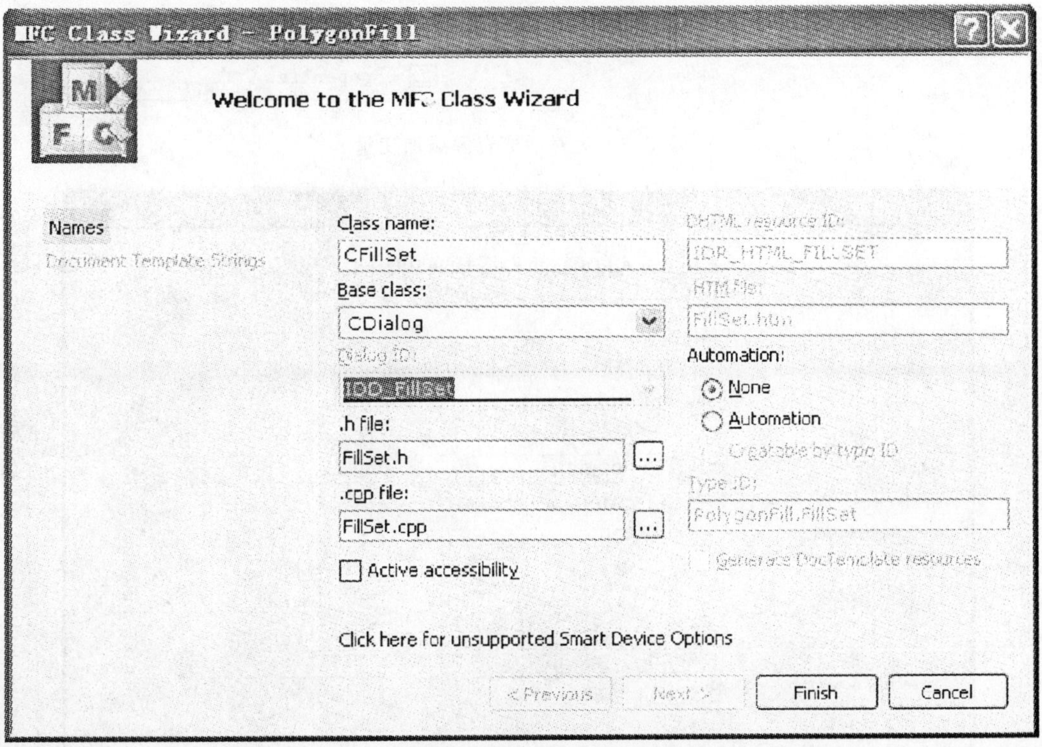

图 3.7　MFC Class Wizard 对话框

Event Handler...”。弹出如图 3.11 所示的“Event Handler Wizard”对话框，在“Function handler name”编辑框中输入事件的名字“OnBnClickedScancolor”。

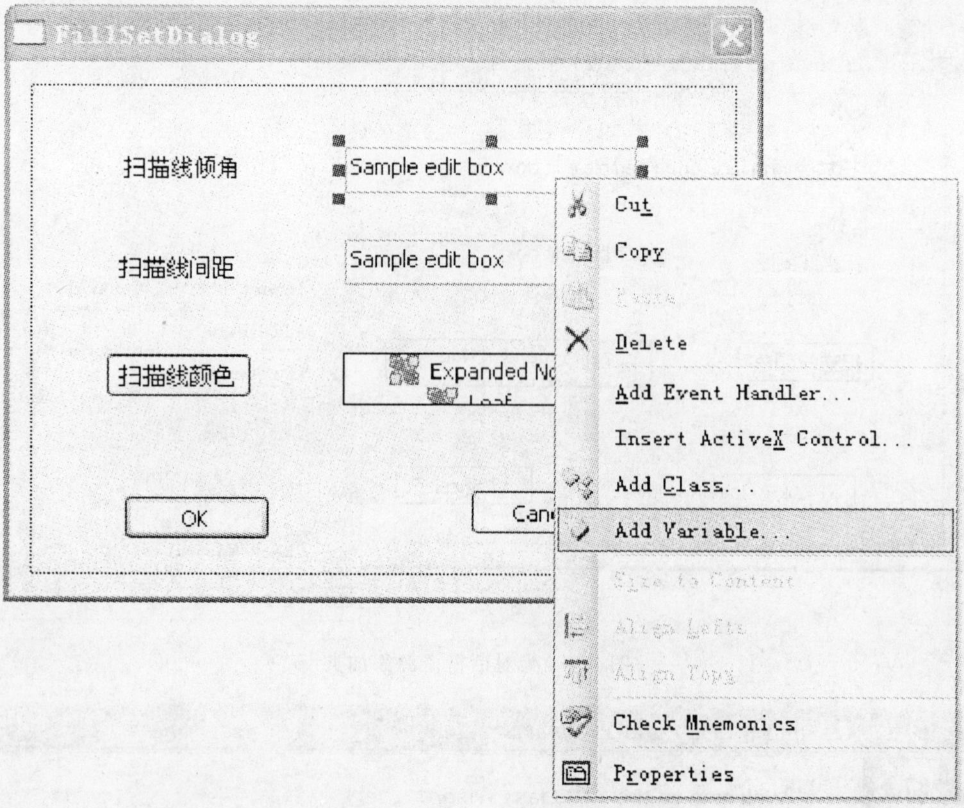

图 3.8　为对话框资源添加变量

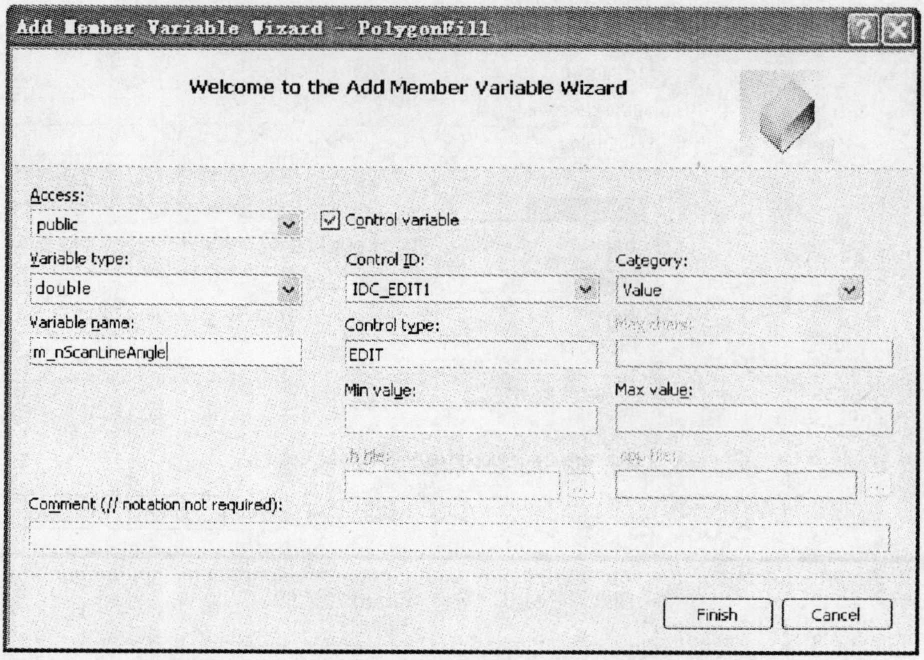

图 3.9　Add Member Variable Wizard 对话框

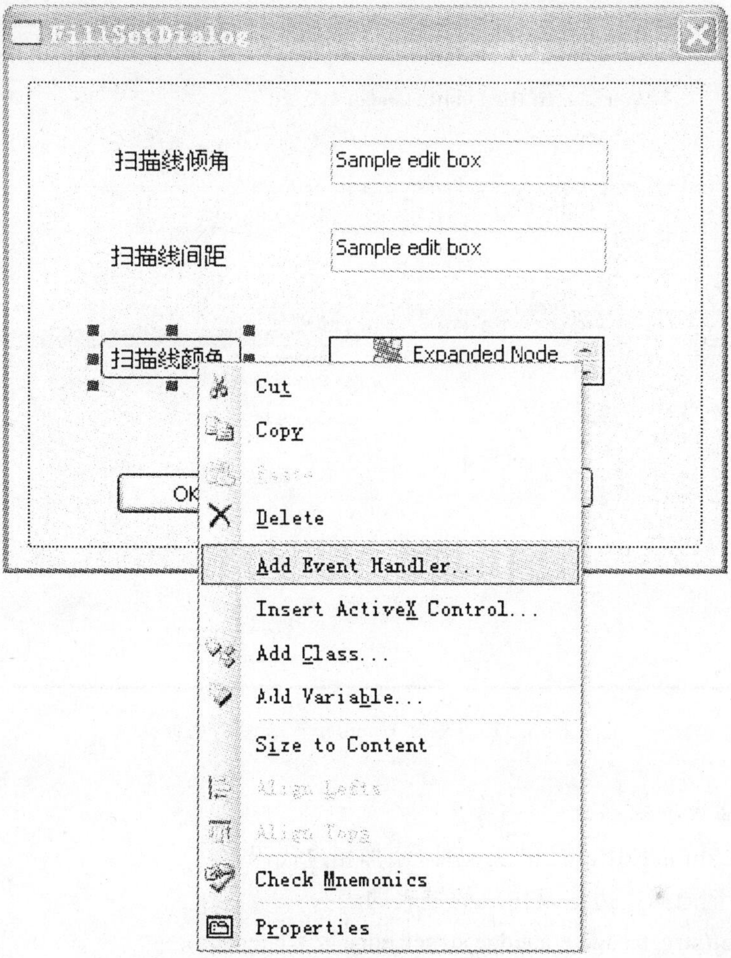

图 3.10　添加事件处理

3. 为对话框添加代码

```
BOOL CFillSet::OnInitDialog(){
  CDialog::OnInitDialog();
  m_nScanLineColor.SetBkColor(ScanLineColor);
  return TRUE;
}
void CFillSet::OnBnClickedScancolor(){
  CColorDialog lineColordlg;
  if (lineColordlg.DoModal()==IDOK){
    ScanLineColor=lineColordlg.GetColor();
    m_nScanLineColor.SetBkColor(ScanLineColor);
  }
}
```

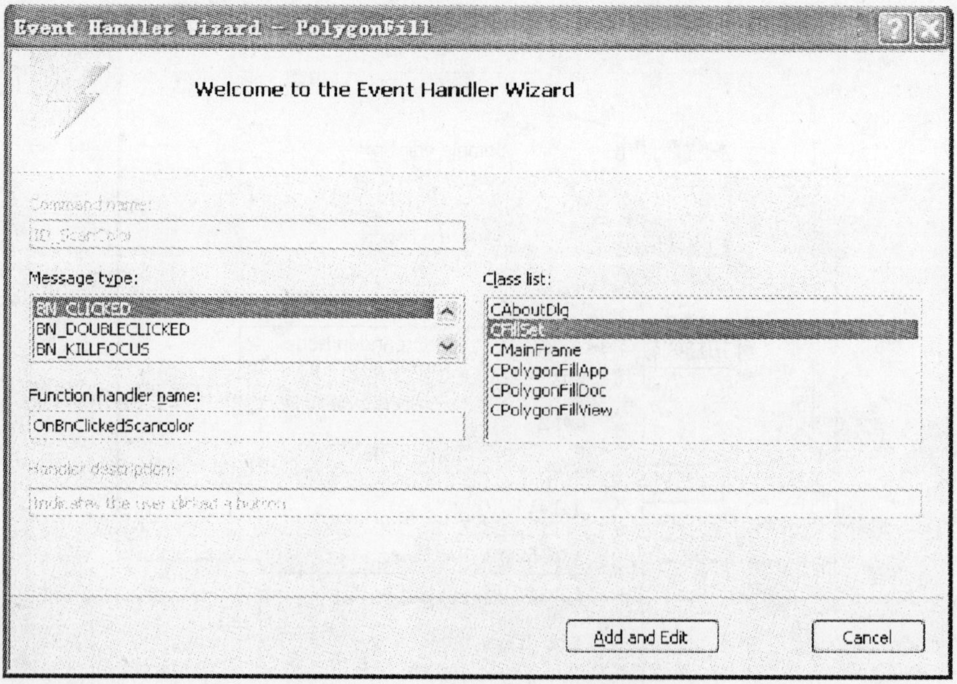

图 3.11　Event Handler Wizard 对话框

4. 添加扫描线填充函数

(1) 新建"ScanlineFillfunc. h"头文件，添加相应代码

```
//将一条边记录插入边记录构成的链表的表头
void insert_et(struct edge * anedge,struct edge * * p_edges);
//复制一条边记录插入有效边表，维持有效边表的有序性
short insert_aet(struct edge * p,struct edge * * p_aet);
//扫描线填充函数，numpoint—多边形顶点个数，points—多边形顶点坐标(x0,y0,x1,y1,…)，
//distance—扫描线间隔，angle—扫描线倾角
void poly_fill(CDC * pDC,int numpoint,int * points, int distance,int angle);
//顶点二维旋转
void rotate(int * X, int * Y, int angle);
```

(2) 新建"ScanlineFillfunc. CPP"文件，添加相应代码

```
# include "stdafx.h"
# include "math.h"
# include "ScanlineFill.h"
//边记录结构
struct edge{
    int ymax;//边的最大 y 值
    float xi;//边与填充线的交点
    float m;//边的斜率的倒数
```

```
    struct edge * next;//指向下一条边的节点
};
//填充线
struct line{
    int x1; int y1; int x2; int y2;
}Line[1000];
//多边形顶点坐标
int polypoints[ ]={
    100,300,   200,200,   300,200,   300,350,
    400,250,   450,300,   300,50,   100,150
};
//四舍五入
# define round(x) ((x>0)? (int)(x+0.5):(int)(x-0.5))
void insert_et(struct edge * anedge,struct edge * * p_edges)
{
    struct edge * p;
    p= * p_edges;
    * p_edges=anedge;
    anedge->next=p;
}
short insert_aet(struct edge * p,struct edge * * p_aet){
    struct edge * q, * k, * l;
    if(! (q=new struct edge)){
        AfxMessageBox(_T("\ NO ENOUGH MEMORY\ n"));
        return(0);
    }
    q->ymax=p->ymax; q->xi=p->xi; q->m=p->m; q->next=NULL;
    if(! ( * p_aet)| | (( * p_aet)->xi>q->xi)| | ((( * p_aet)->xi= =q->xi)&&(( * p_aet)->
m>q->m))){
        l= * p_aet; * p_aet=q; q->next=l;
    }
    else{
        l= * p_aet; k=l->next;
        while(k&&(k->xi<q->xi)){
            l=k; k=k->next;
        }
        if(k&&(k->xi= =q->xi)&&(k->m<q->m)){
            l=k; k=k->next;
        }
```

```
        l->next=q; q->next=k;
    }
    return 1;
}
void poly_fill(CDC *pDC,int numpoint,int *points,int distance,int angle){
    struct edge **et=NULL, *aet, *anedge, *p, *q;
    int i,j,maxy,miny,x1,y1,x2,y2,yi,znum;
    int dist=0,linenum=0;
    //将多边形转动规定的角度
    for(i=0;i<2*numpoint;i+=2)
        rotate(&points[i],&points[i+1],angle);
    maxy=miny=points[1]; znum=2*numpoint;
    for(i=3;i<znum;i++){
        if(maxy<points[i]) maxy=points[i];
        else if(miny>points[i]) miny=points[i];
        i++;
    }
    //建立边表 ET
    if(! (et=new struct edge *[maxy-miny+1])){
        AfxMessageBox(_T("\nOUT MEMORY IN CONSTRUCTING ET\n"));
        return;
    }
    for(i=0;i<maxy-miny+1;i++)
        et[i]=NULL;
    x1=points[znum-2]; y1=points[znum-1];
    //处理多边形所有边,为每条非水平边建立一个边记录,并将其插到 ET 表中的合适位置
    for(i=0;i<znum;i+=2){
        x2=points[i]; y2=points[i+1];
    //只考虑非水平边
    if(y1! =y2){
        if(! (anedge=new struct edge)){
            AfxMessageBox(_T("\nOUT MEMORY IN CONSTRUCTING EDGE RECORD\n"));
            goto quit;
        }
        anedge->m=(float)(x2-x1)/(y2-y1); anedge->next=NULL;
        //处理奇异点
        if(y2>y1){
```

```
            j=i+1;
             //向后略过所有水平边
            do{
                if((j+=2)>=znum) j-=znum;
            }while(points[j]==y2);
        //若(x2,y2)不是局部极值点,边记录的 ymax 域为 y2-1,
        //这样处理扫描线 y=y2 时此边记录将不在 AET 中,从而不会产生交点
        if(points[j]>y2)anedge->ymax=y2-1;
         //若(x2,y2)是局部极值点,边记录的 ymax 域为 y2,
         //这样处理扫描线 y=y2 时此边记录将在 AET 中,从而会产生一个交点
        else anedge->ymax=y2;
        anedge->xi=x1;
        insert_et(anedge,&et[y1-miny]);
    }
    else{
        j=i+1;
            //向前略过所有水平边
            do{
                if((j-=2)<0) j+=znum;
            }while(points[j]==y1);
             //若(x1,y1)不是局部极值点,边记录的 ymax 域为 y1-1,
             //这样处理扫描线 y=y1 时此边记录将不在 AET 中,从而不会产生交点
            if(points[j]>y1) anedge->ymax=y1-1;
            //若(x1,y1)是局部极值点,边记录的 ymax 域为 y1,
            //这样处理扫描线 y=y1 时此边记录将在 AET 中,从而会产生一个交点
            else anedge->ymax=y1;
            anedge->xi=x2;
            insert_et(anedge,&et[y2-miny]);
        }
    }
    x1=x2; y1=y2;
}
//初始化有效边表 AET
aet=NULL;
//从底到高逐条处理扫描线
for(yi=miny;yi<=maxy;yi++,dist++){
    //将 ET 表中与 yi 对应的边记录链表中的全部边记录都按序并入 AET 中
    p=et[yi-miny];
    while(p){
```

```
        if(!insert_aet(p,&aet)) goto quit;
        p=p->next;
    }
    p=aet;
//依次取出 AET 各记录中的 xi 坐标值,两两配对,对每对 xi 之间的像素填上所要求的颜色
    if(dist==distance+1) {//隔指定间隔时才存储有效填充线
        while(p){
            Line[linenum].x1=round(p->xi); Line[linenum].y1=yi;
            Line[linenum].x2=round(p->next->xi); Line[linenum++].y2=yi;
            p=p->next->next;
        }
        dist=0;
    }
    //对 AET 中的每个记录,若它的 ymax==yi,则删除该记录,
    //否则用 xi+m 代替 xi,即该记录所对应的边线与下一条扫描线 y=yi+1 的交点
    p=aet;
    while(p&&(p->ymax==yi)){
        aet=p->next; delete p; p=aet;
    }
    while(p){
        if(p->ymax==yi){
            q->next=p->next; delete p; p=q->next;
        }
        else{
            p->xi+=p->m; q=p; p=p->next;
        }
    }
}
//将有效扫描填充线转回规定的角度
for(i=0;i<linenum;i++){
    rotate(&Line[i].x1,&Line[i].y1,0-angle); rotate(&Line[i].x2,&Line[i].y2,0-angle);
}
//将多边形转回规定的角度,即回到原来的位置
for(i=0;i<2 * numpoint;i+=2)
    rotate(&points[i],&points[i+1],0-angle);
//绘制有效扫描填充线
for(i=0;i<linenum;i++){
    pDC->MoveTo(Line[i].x1,Line[i].y1); pDC->LineTo(Line[i].x2,Line[i].y2);
}
```

```
linenum=0;
quit:
    //释放动态申请的内存
    if(et){
        for(yi=miny;yi<=maxy;yi++){
            q=p=et[yi-miny];
            while(p){
                q=p->next; delete p; p=q;
            }
        }
        delete[ ] et;
    }
}
//二维旋转
void rotate(int *X,int *Y,int angle)
{
    int x,y;
    double ang=(double)angle/180*3.14;
    x=(*X)*cos(ang)-(*Y)*sin(ang); y=(*X)*sin(ang)+(*Y)*cos(ang);
    (*X)=x; (*Y)=y;
}
```

5. 如图 3.12 所示打开“Resource View”并添加菜单项。鼠标右键单击菜单，在弹出的右键菜单中选择“Add Event Handler...”，如图 3.13 所示。弹出如图 3.14 所示“Event Handler Wizard”对话框，在“Function handler name”编辑框中输入消息函数的名字“OnPolygonfillScanlinefill”。

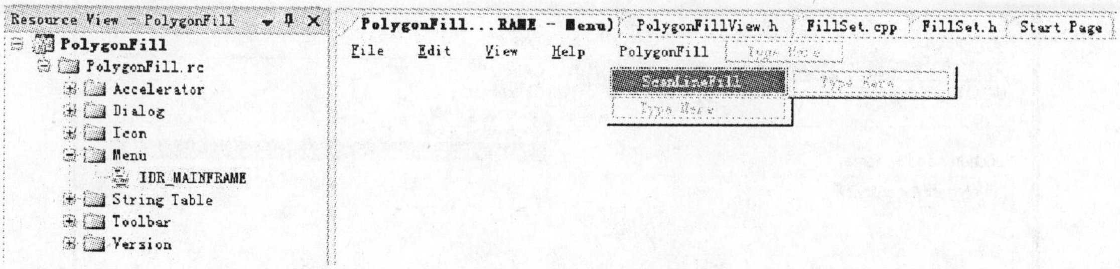

图 3.12　添加菜单项

6. 点击图 3.14 所示对话框中的“Add and Edit”按钮，为函数添加实现代码

```
void CPolygonFillView::OnPolygonfillScanlinefill(){
    Invalidate(true);
    const double angle=0.0;const double gap=1.0;
    if (FillSetDlg.DoModal()==IDOK){
```

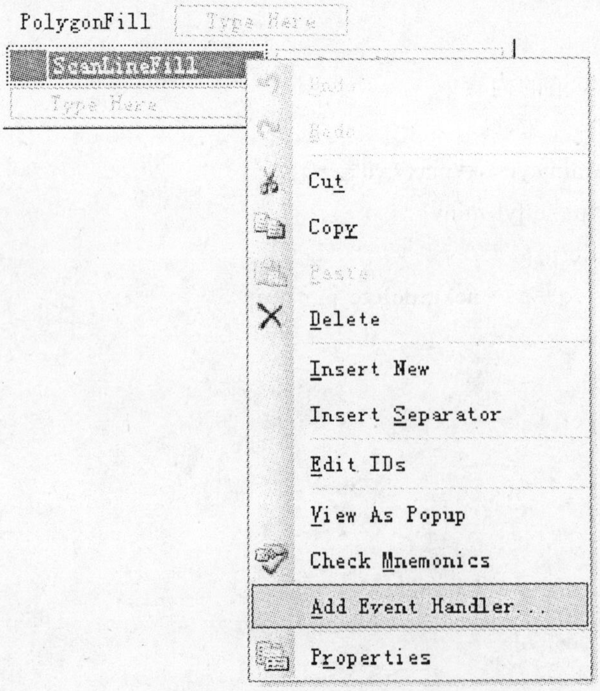

图 3.13　添加事件处理

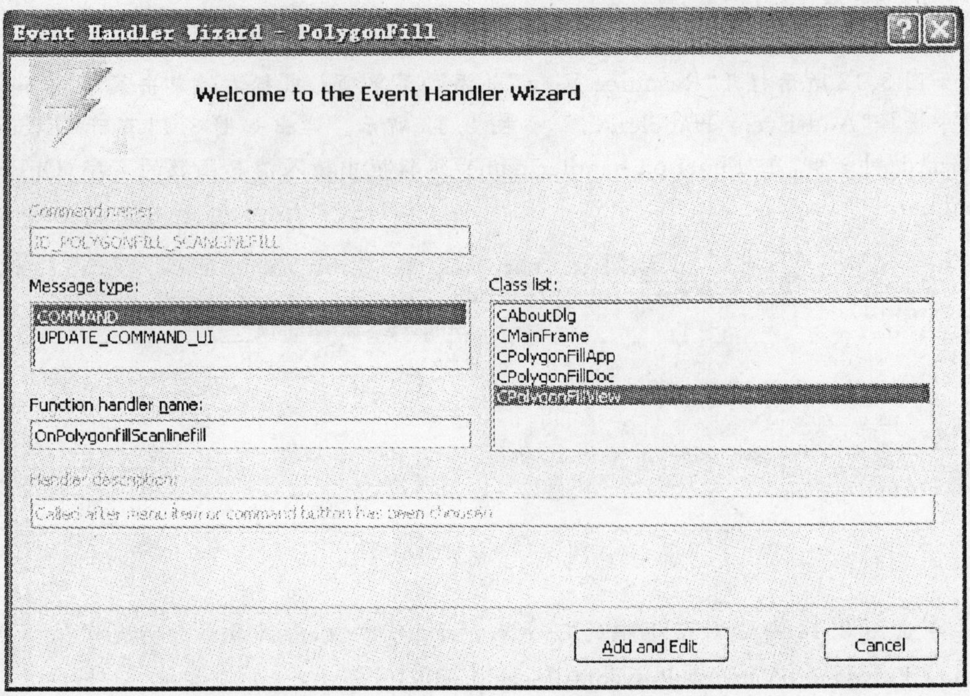

图 3.14　Event Handler Wizard 对话框

```
        UpdateData(TRUE);
        m_nScanColor=FillSetDlg.ScanLineColor;
        m_nScanAngle=FillSetDlg.m_nScanLineAngle;
        m_nScanGap=FillSetDlg.m_nScanLineGap;
    }
    else{
        m_nScanColor=RGB(255,255,255); m_nScanAngle=angle; m_nScanGap=gap;
    }
    CDC *pDC=GetDC();
    CPen pen;COLORREF penColor=m_nScanColor;pen.CreatePen(PS_SOLID,1,penColor);
    pDC->SelectObject(&pen);
    pDC->MoveTo(polypoints[0],polypoints[1]);
    for(int i=1;i<8;i++)
        pDC->LineTo(polypoints[2*i],polypoints[2*i+1]);
    pDC->LineTo(polypoints[0],polypoints[1]);
    scanLineFill(pDC,8,polypoints,m_nScanGap,m_nScanAngle);
}
```

7. 至此便完成了边相关多边形扫描线填充程序，运行结果如图 3.15 所示。

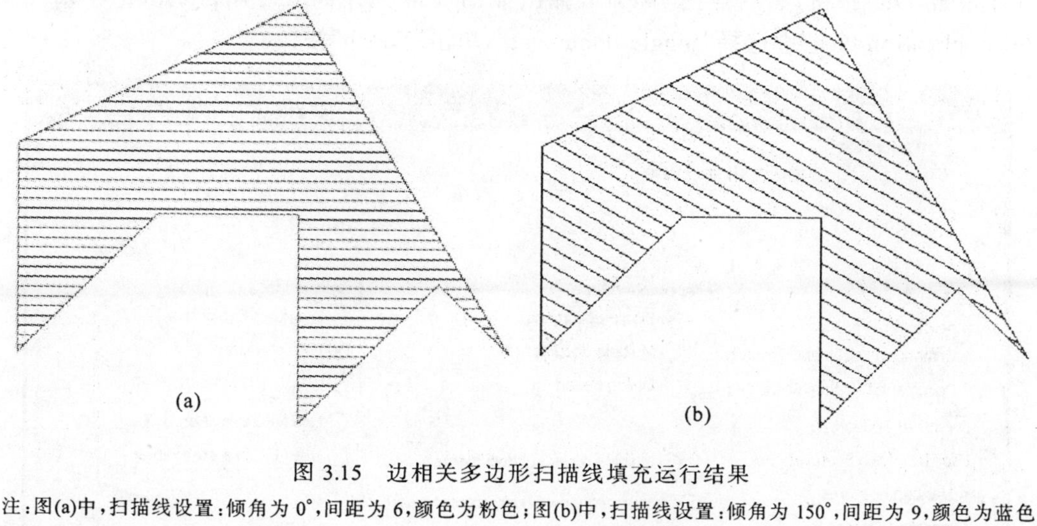

图 3.15　边相关多边形扫描线填充运行结果

注：图(a)中，扫描线设置：倾角为 0°，间距为 6，颜色为粉色；图(b)中，扫描线设置：倾角为 150°，间距为 9，颜色为蓝色

二、实现扫描线种子填充

1. 新建绘图程序项目

(1) 从“File”菜单选择“New”→“Project”，弹出“New Project”对话框，如图 3.16 所示。

(2) 在图 3.16 所示“New Project”对话框的“Project types”中选择“Visual C++”选项下的“MFC”，在“Templates”中选择“MFC Application”，在“Name”编辑框中输入项目的名字“Seed-Fill”，在“Location”指定工程文件的存储路径。

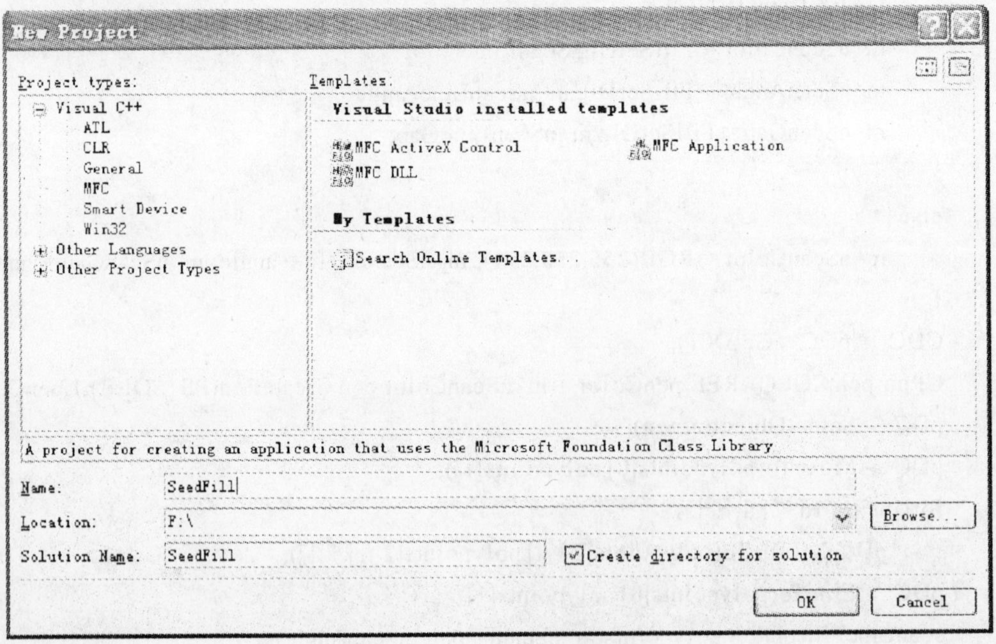

图 3.16　New projcet 对话框

(3) 单击“OK”按钮，然后点击“Next”，弹出如图 3.17 所示“MFC Application Wizard”对话框，在“Application type”中选择“Single document”，单击“Finish”按钮。

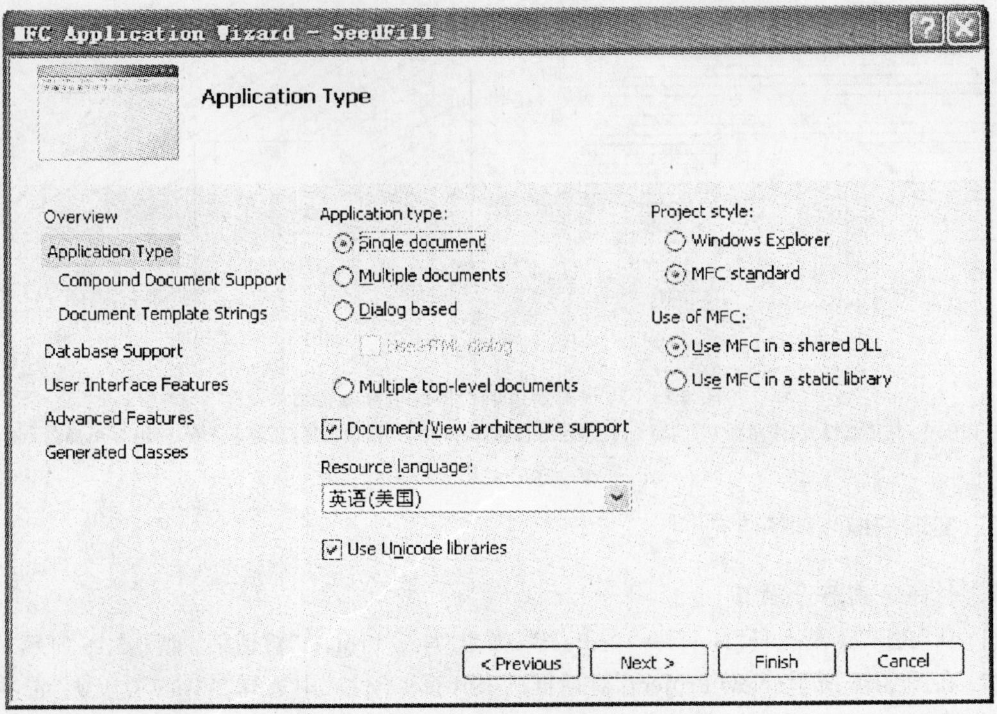

图 3.17　MFC Application Wizard 对话框

2. 添加种子扫描线填充函数

(1) 新建"SeedFillfunc.h"头文件，添加相应代码

```
typedef struct tagSTACK{
    int top;
    CPoint element[5000];
}P_STACK;
//扫描线种子填充
short SeedFill(CDC * pDC,CPoint Seed,COLORREF  OldClr,COLORREF  NewClr);
//以下实现栈这种抽象数据类型(ADT)
void InitStack(P_STACK * stack);
short PushStack(CPoint p,P_STACK * stack);
short IsStackEmpty(P_STACK stack);
short IsStackFull(P_STACK stack);
short PopStack(P_STACK * stack,CPoint * p);
```

(2) 新建"SeedFillfunc. CPP"文件，添加相应代码

```
# include "stdafx.h"
# include "SeedFillfunc.h"
short SeedFill(CDC * pDC,CPoint Seed,COLORREF OldClr,COLORREF NewClr){
    P_STACK stack; CPoint point; int i,left,right; short flgUpNewSeg, flgDwNewSeg;
    if(OldClr==NewClr){
        AfxMessageBox(_T("\nNew color must be NOT equal to old color! \n"));
        return 0;
    }
    InitStack(&stack);
    if(! PushStack(Seed,&stack)){
    AfxMessageBox(_T("\nStack Overflow! \n"));
    return 0;
}
while(! IsStackEmpty(stack)){
    if(! PopStack(&stack,&Seed)){
        AfxMessageBox(_T("\nPop element when stack is empty! \n"));
        return 0;
    }
    if(pDC->GetPixel(Seed.x,Seed.y)==NewClr) continue;
    left=right=Seed.x;
    while(pDC->GetPixel(left-1,Seed.y)==OldClr)
        left--;
    while(pDC->GetPixel(right+1,Seed.y)==OldClr)
        right++;
```

```
flgUpNewSeg=flgDwNewSeg=0;
for(i=left;i<=right;i++){
    pDC->SetPixel(i,Seed.y,NewClr);
    //UP
    if(pDC->GetPixel(i,Seed.y+1)==OldClr) flgUpNewSeg=1;
    else if(flgUpNewSeg){
        point.x=i-1; point.y=Seed.y+1;
        if(! PushStack(point,&stack)){
            AfxMessageBox(_T("\nStack Overflow! \n"));
            return 0;
        }
        flgUpNewSeg=0;
    }
    //DOWN
    if(pDC->GetPixel(i,Seed.y-1)==OldClr) flgDwNewSeg=1;
    else if(flgDwNewSeg){
        point.x=i-1; point.y=Seed.y-1;
        if(! PushStack(point,&stack)){
            AfxMessageBox(_T("\nStack Overflow! \n"));
            return 0;
        }
        flgDwNewSeg=0;
    }
}
if(flgUpNewSeg){
    point.x=right; point.y=Seed.y+1;
    if(! PushStack(point,&stack)){
        AfxMessageBox(_T("\nStack Overflow! \n"));
        return 0;
    }
}
if(flgDwNewSeg){
    point.x=right; point.y=Seed.y-1;
    if(! PushStack(point,&stack)){
        AfxMessageBox(_T("\nStack Overflow! \n"));
        return 0;
        }
    }
}
```

```
    return 1;
}
//以下实现栈这种抽象数据类型(ADT)
void InitStack(P_STACK *stack){
    (*stack).top=-1;
}
short PushStack(CPoint p,P_STACK *stack){
    if(IsStackFull(*stack) return 0;
    (*stack).top++; (*stack).element[(*stack).top].x=p.x; (*stack).element[(*stack).top].y=p.y;
    return 1;
}
short IsStackEmpty(P_STACK stack){
    if(stack.top<0) return 1;
    else return 0;
}
short IsStackFull(P_STACK stack){
    if(stack.top>=5000-1) return 1;
    else return 0;
}
short PopStack(P_STACK *stack,CPoint *p){
    if(IsStackEmpty(*stack)) return 0;
    (*p).x=(*stack).element[(*stack).top].x; (*p).y=(*stack).element[(*stack).top].y;
    (*stack).top--;
    return 1;
}
```

3. 选中"CSeedFillView"类，然后点击属性列表的"Messages"按钮，为"CSeedFillView"类添加"WM_LBUTTONDOWN"消息，如图 3.18 所示。

4. 添加"OnLButtonDown"函数的实现代码

```
CDC *pDC=GetDC();
SeedFill(pDC,point,pDC->GetPixel(point.x,point.y),RGB(255,255,0));
```

5. 至此，便完成了扫描线种子填充程序运行，结果如图 3.19 所示。

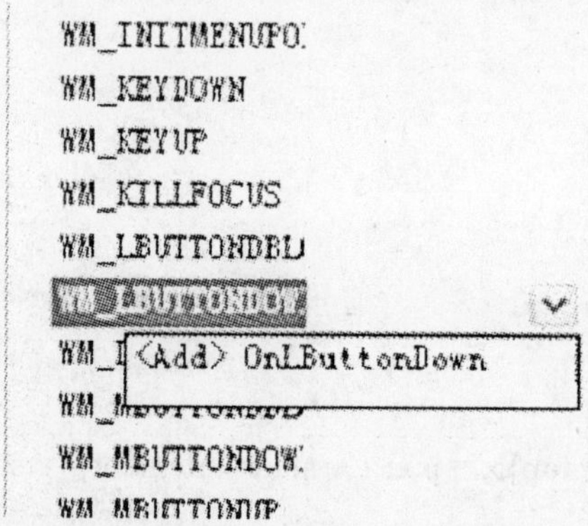

图 3.18　添加鼠标左键按下消息

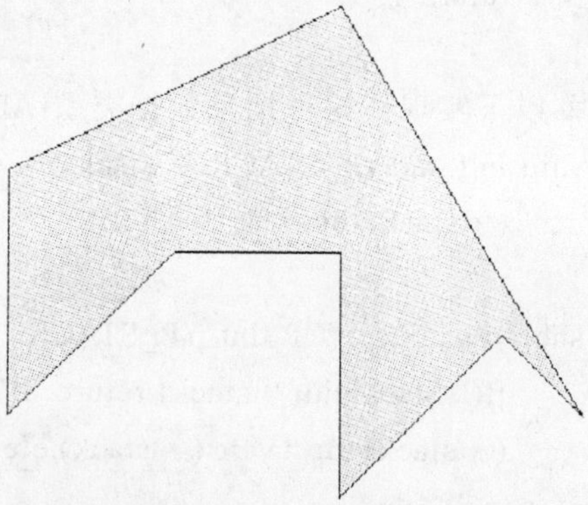

图 3.19　扫描线种子填充运行结果

第四章　图形变换

本章我们提供关于图形变换的 3 个实习题，分别涉及到二维几何变换、三维几何变换和投影变换。要求学生选择其中的两个题来完成。这 3 个题目在算法上不存在困难，读者只要掌握了各种变换的坐标变换公式或变换矩阵以及多边形多面体的表示方法就可以完成。

图形变换的实质就是对二维点或三维点的坐标进行变换，形成新的坐标。为了直观地表现出图形变换的效果，对于二维图形变换，我们要求对一个多边形实施变换并绘出变换后的整个多边形；对于三维图形变换和投影变换，我们要求对一个多面体实施变换并绘出变换后的整个多面体。

由于直线经图形变换后仍是直线，所以不必对组成多边形或多面体的每一个像素点都进行坐标变换，只需要变换所有顶点的坐标，然后在相邻接的顶点间画线段就可以再现变换后的多边形或多面体的线框图。因此，多边形和多面体在计算机内的表示，既要存储各顶点的坐标，又要体现出顶点间的邻接关系。多边形的表示比较简单，只需要依顺时针或逆时针次序存放各顶点坐标即可表示一个多边形（当然也可以采用其他的表示方法）。下面介绍一种简单的多面体表示法：点表边表表示法。

点表是一个 N×3 数组（N 是多面体顶点数），用来存储各顶点的 X、Y、Z 坐标；边表是一个 M×2 数组（M 是多面体边数），用来记录各边的前后顶点在点表中的序号。

例如，如图 4.1 所示的单位正方体就可以用表 4.1 和表 4.2 共同表示。

表4.1　点表

点序号	X	Y	Z
0	0	0	0
1	1	0	0
2	1	1	0
3	0	1	0
4	0	0	1
5	1	0	1
6	1	1	1
7	0	1	1

表4.2　边表

边序号	前顶点序号	后顶点序号
0	0	1
1	1	2
2	2	3
3	3	0
4	4	5
5	5	6
6	6	7
7	7	4
8	0	4
9	1	5
10	2	6
11	3	7

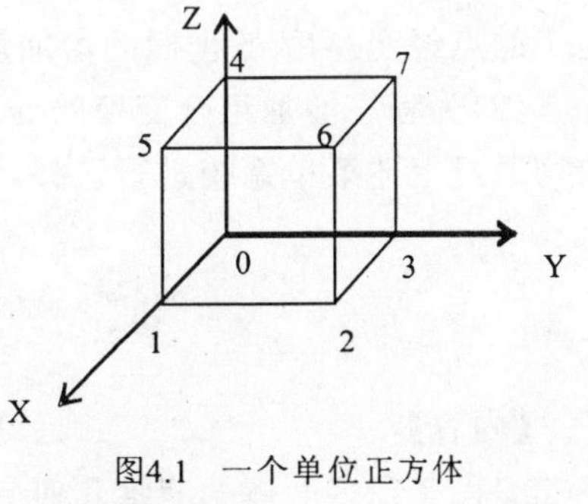

图4.1　一个单位正方体

另外，为了便于对多面体的表面进行处理（如填充），有时在点表和边表之外还需增加一个面表，它是一个数组，其中每个元素都是线性表，该线性表存放围成某个面的所有边的序号或所有顶点的序号。

图形变换不改变顶点间的邻接关系，所以变换前后边表可以保持不变。对点表中存储的各个点的坐标全部进行相应的变换，形成一个新的点表，这个新点表和老边表共同表示变换后的多面体。

以下涉及到的三维空间坐标系指的都是笛卡尔坐标系（右手系）。

4.1 二维几何变换

【内容】

编程实现多边形的二维几何变换并在屏幕上绘出变换后的多边形。

【基本要求】

程序运行时，应先由用户输入多边形各顶点坐标，而后显示一个简单的菜单，由用户选择实施以下变换之一：旋转（任意中心）、变比（任意中心）和平移，然后根据用户选择的不同变换，提示用户输入相应的参数（对旋转变换，参数是旋转中心坐标和旋转角度；对变比变换，参数是变比中心坐标和 X、Y 方向上的变比因子；对平移变换，参数是 X、Y 方向上的平移量）；最后在屏幕上绘出变换后的多边形，如果变换前的多边形能在屏幕上显示，最好用不同颜色绘出变换前的多边形。

【提高要求】

(1)除上述 3 种基本变换之外，增加以下变换选择：

a)相对于 X 轴的反射变换；

b)相对于 Y 轴的反射变换；

c)相对于直线 $y=x$ 的反射变换；

d)相对于直线 $y=-x$ 的反射变换；

e)相对于原点的对称反射变换；

f)错切变换（Shearing），参数是 X 方向和 Y 方向上的“错切因子”。X 方向上的“错切因子”指的是 Y 坐标为 1 的点经变换后 X 坐标的增加量；Y 方向上的“错切因子”指的是 X 坐标为 1 的点经变换后 Y 坐标的增加量。

(2)为程序增加组合变换的处理能力，允许用户实施多次变换，每次的变换种类及相关参数均通过上述菜单系统进行选择，最后在屏幕上绘出多次变换后的多边形。

4.2 三维几何变换

【内容】

编程实现多面体的三维几何变换，并在屏幕上绘出变换后的多面体。

【基本要求】

多面体可由用户在程序运行时输入（注意，这时用户不仅要输入各顶点坐标，还要输入各条边的信息），也允许在程序中用相应的数据结构设定好（这样可简化编程）。显示一个简单的菜单，由用户选择实施以下变换之一：绕 X 轴旋转、绕 Y 轴旋转、绕 Z 轴旋转、变比（以原点为中心）和平移，然后根据用户选择的不同变换，提示用户输入相应的参数（对旋转变换，参数是旋转角度；对变比变换，参数是 X、Y、Z 方向上的变比因子；对平移变换，参数是 X、Y、Z 方向上的平移量）；最后在屏幕上绘出变换后的多面体，如果变换前的多面体能在屏幕上显示，最好用不同颜色绘出变换前的多面体。

如何在二维屏幕上绘出三维的多面体呢？这其实就是投影的问题，这里，为了将关注焦点集中于三维几何变换，要求读者在绘出多面体时一律采用主视图，即三维坐标变为二维坐标时只是简单地舍弃 Z 坐标，X、Y 坐标不变。

【提高要求】

(1)除上述 3 种基本变换之外，增加以下变换选择：

a)相对于 YZ 平面的反射变换；

b)相对于 XZ 平面的反射变换；

c)相对于原点的对称反射变换；

d)相对 Z 轴的错切变换(Shearing)，参数是 X 方向和 Y 方向上的“错切因子”。X 方向上的“错切因子”指的是 Z 坐标为 1 的点经变换后 X 坐标的增加量；Y 方向上的“错切因子”指的是 Z 坐标为 1 的点经变换后 Y 坐标的增加量。

e)相对 X 轴的错切变换，参数是 Y 方向和 Z 方向上的“错切因子”。Y 方向上的“错切因子”指的是 X 坐标为 1 的点经变换后 Y 坐标的增加量；Z 方向上的“错切因子”指的是 X 坐标为 1 的点经变换后 Z 坐标的增加量。

f)相对 Y 轴的错切变换，参数是 Z 方向和 X 方向上的“错切因子”。Z 方向上的“错切因子”指的是 Y 坐标为 1 的点经变换后 Z 坐标的增加量；X 方向上的“错切因子”指的是 Y 坐标为 1 的点经变换后 X 坐标的增加量。

(2)为程序增加组合变换的处理能力，允许用户实施多次变换，每次的变换种类及相关参数均通过上述菜单系统进行选择，最后在屏幕上绘出多次变换后的多面体。

【思考题】

可以通过两种方法实现组合变换的处理能力：一种方法是对所有点逐次实施基本变换；另一种方法是基于矩阵进行变换，即将多个变换矩阵相乘得到组合变换矩阵，对所有点一次性地实施组合变换。你认为哪种方法更好？为什么？

4.3　投影变换

【内容】

投影变换是把三维物体变为二维图形表示的过程。投影变换有如下分类。

平行投影与透视投影间的区别在于投影线是相互平行还是汇聚于一点；正平行投影与斜平行投影的区别在于投影线是否与投影平面垂直；正投影与正轴测投影的区别在于投影线是否与某个坐标轴平行；投影线与各坐标轴夹角相等则是正等轴测投影，投影线与各坐标轴夹角中有两个相等则是正二轴测投影，投影线与各坐标轴夹角全不相等则是正三轴测投影；在斜等测投影和斜二测投影中投影线与投影平面间所成角度分别是 45°和 arctan2（约为 63.4°）；透视投影中的一点、两点和三点透视的划分则是根据主灭点的个数（也就是与投影平面相交的坐标轴的个数)。

- 投影
  - 平行投影
    - 正平行投影
      - 正投影
        - 主视图
        - 俯视图
        - 侧视图
      - 正轴测投影
        - 正等轴测投影
        - 正二轴测投影
        - 正三轴测投影
    - 斜平行投影
      - 斜等测投影
      - 斜二测投影
      - 其他斜平行投影
  - 透视投影
    - 一点透视
    - 两点透视
    - 三点透视

编程实现多面体的投影变换并在屏幕上绘出得到的二维图形。

【基本要求】

多面体可由用户在程序运行时输入(注意,这时用户不仅要输入各顶点坐标,还要输入各条边的信息),也允许在程序中用相应的数据结构设定好(这样可简化编程),显示一个简单的菜单,由用户选择显示以下投影之一并在屏幕上绘出得到的二维图形:

a) 主视图;

b) 侧视图;

c) 俯视图;

d) 任意投影方向的平行投影,设 XY 平面为投影平面,由用户指定投影方向(三维空间矢量);

e) 一点透视投影,设 XY 平面为投影平面,由用户指定灭点位置(三维坐标)。

【提高要求】

在上述菜单中增加以下投影选择:

a) 正等轴测投影;

b) 正二轴测投影,设原用户坐标系中 X 和 Y 方向单位长度的投影长度相等,由用户指定原用户坐标系中 Z 方向单位长度的投影长度 $l(0\leqslant l\leqslant 1)$;

c) 斜等测投影;

d) 斜二测投影。

【实现提示】

设 XY 平面为投影平面,投影方向由矢量(x_p, y_p, z_p)决定,则平行投影的变换矩阵如下:

$$\begin{bmatrix} 1 & 0 & 0 & 0 \\ 0 & 1 & 0 & 0 \\ -\dfrac{x_p}{z_p} & -\dfrac{y_p}{z_p} & 0 & 0 \\ 0 & 0 & 0 & 1 \end{bmatrix}$$

设 XY 平面为投影平面，灭点坐标是(x_p, y_p, z_p)，则一点透视投影的变换矩阵如下：

$$\begin{bmatrix} 1 & 0 & 0 & 0 \\ 0 & 1 & 0 & 0 \\ -\dfrac{x_p}{z_p} & -\dfrac{y_p}{z_p} & 0 & -\dfrac{1}{z_p} \\ 0 & 0 & 0 & 1 \end{bmatrix}$$

正投影的变换结果非常简单——只需去除在相应坐标轴上的坐标分量，例如，如果投影方向与 Z 轴平行，则点(x, y, z)就变为$(x, y, 0)$，这时的变换矩阵为

$$\begin{bmatrix} 1 & 0 & 0 & 0 \\ 0 & 1 & 0 & 0 \\ 0 & 0 & 0 & 0 \\ 0 & 0 & 0 & 1 \end{bmatrix}$$

前面讲过，正轴测投影与正投影的区别在于投影线是否与某个坐标轴平行，为了求得正轴测投影的变换矩阵，可以通过设定恰当的观察坐标系，把正轴测投影转化为正投影。考虑正二轴测投影并假定投影线与 X 轴及 Y 轴的夹角相等，可以认为观察坐标系是由一个与用户坐标系重合的坐标系先绕 Y 轴旋转 θ 角，再绕 X 轴旋转 φ 角而得，两坐标系之间的变换矩阵为

$$H=\begin{bmatrix} \cos\theta & \sin\theta\cdot\sin\varphi & -\sin\theta\cdot\cos\varphi & 0 \\ 0 & \cos\varphi & \sin\varphi & 0 \\ \sin\theta & -\cos\theta\cdot\sin\varphi & \cos\theta\cdot\cos\varphi & 0 \\ 0 & 0 & 0 & 1 \end{bmatrix}$$

因此，在用户坐标系中 X 轴上点$[1\ \ 0\ \ 0\ \ 1]$变换后成为

$$[1\ \ 0\ \ 0\ \ 1]\times H=[\cos\theta\ \ \ \sin\theta\cdot\sin\varphi\ \ \ -\cos\theta\cdot\sin\varphi\ \ \ 1]$$

Y 轴上点$[0\ \ 1\ \ 0\ \ 1]$变换后成为$[0\ \ 1\ \ 0\ \ 1]\times H=[0\ \ \ \cos\varphi\ \ \ \sin\varphi\ \ \ 1]$。如上所述，这两个点在观察坐标系中的正投影就是将它们的 Z 坐标归零后得到的坐标，它们到坐标原点的长度即投影长度是 $\sqrt{x^2+y^2}$ 。按照正二轴测投影的要求，原用户坐标系中 X 方向和 Y 方向上单位长度的投影长度应相等，故有 $\cos^2\theta+\sin^2\theta\cdot\sin^2\varphi=\cos^2\varphi$，即 $\sin^2\theta=\tan^2\varphi$。若我们再给定另一约束条件，例如指定原用户坐标系中 Z 方向单位长度的投影长度是 K，就可以唯一确定 θ 和 φ 的值。最终的结果是：如果原用户坐标系中 X 和 Y 方向单位长度的投影长度相等，原用户坐标系中 Z 方向单位长度的投影长度是 $K(0\leqslant K\leqslant 1)$，则正二轴测投影的变换矩阵如下：

$$\begin{bmatrix} b & a\cdot c & 0 & 0 \\ 0 & d & 0 & 0 \\ a & -b\cdot c & 0 & 0 \\ 0 & 0 & 0 & 1 \end{bmatrix}$$

其中：$a=\dfrac{K}{\sqrt{2-K^2}}$；$b=\dfrac{\sqrt{2-2K^2}}{\sqrt{2-K^2}}$；$c=\dfrac{\sqrt{2}K}{2}$；$d=\dfrac{\sqrt{4-2K^2}}{2}$。

依照相同思路可以推得正等轴测投影的变换矩阵如下：

$$\begin{bmatrix} \frac{\sqrt{2}}{2} & \frac{\sqrt{6}}{6} & 0 & 0 \\ 0 & \frac{\sqrt{6}}{3} & 0 & 0 \\ \frac{\sqrt{2}}{2} & -\frac{\sqrt{6}}{6} & 0 & 0 \\ 0 & 0 & 0 & 1 \end{bmatrix}$$

【思考题】

(1)你的程序是否足够健壮？比如说，用户输入一个比较特殊的参数的时候，你的程序在进行数学运算的时候会不会发生溢出或被零除的错误？

(2)上面“实现提示”中给出的几个变换矩阵是如何得到的？其中述及的正二轴测投影中的参数 K 为多少时，正二轴测投影变成正等轴测投影？另外，正二轴测投影中采用的参数也可以是别的量，如原用户坐标系中 X 方向单位长度的投影长度，这时正二轴测投影的变换矩阵是怎样的？

4.4 实　例

用鼠标及键盘控制立方体图形进行三维几何变换(以一个顶点为基点，绕 X 轴和 Y 轴旋转；平移；缩放)，用户可以设置每一步的变换幅度。

1. 新建绘图程序项目

(1) 从“File”菜单选择“New”→“Project”，弹出“New Project”对话框，如图 4.2 所示。

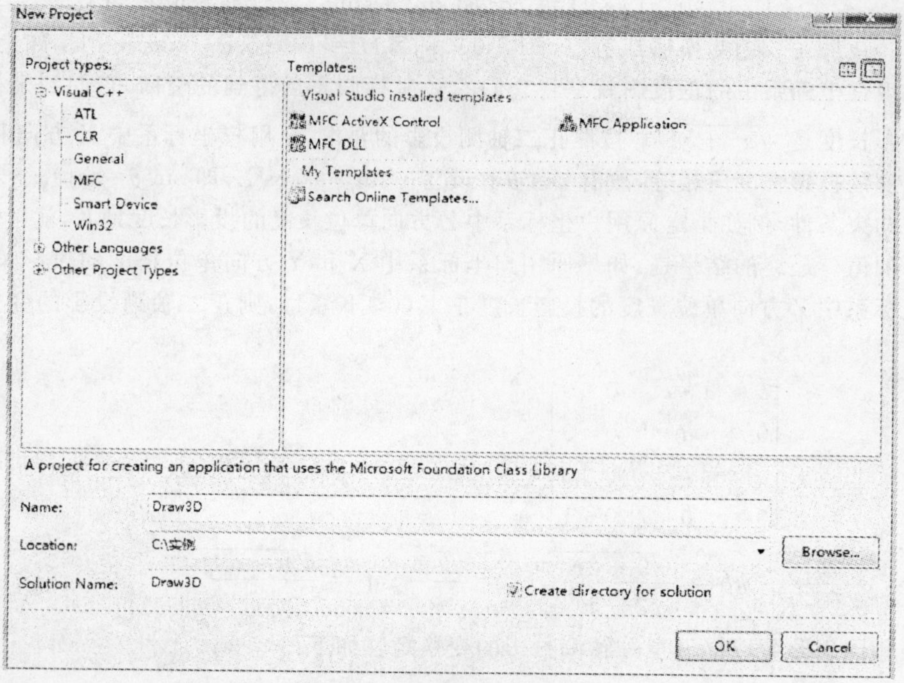

图 4.2　新建项目对话框

(2) 在图4.2所示对话框的"Project types"中选择"Visual C++"选项下的"MFC",在"Templates"中选择"MFC Application",在"Name"编辑框中输入项目的名字"Draw3D",在"Location"选择工程文件的存储路径。

(3) 单击"OK"按钮,然后点击"Next",弹出如图4.3所示"MFC Application Wizard"对话框,在"Project type"中选择"Single document",单击"Finish"按钮。

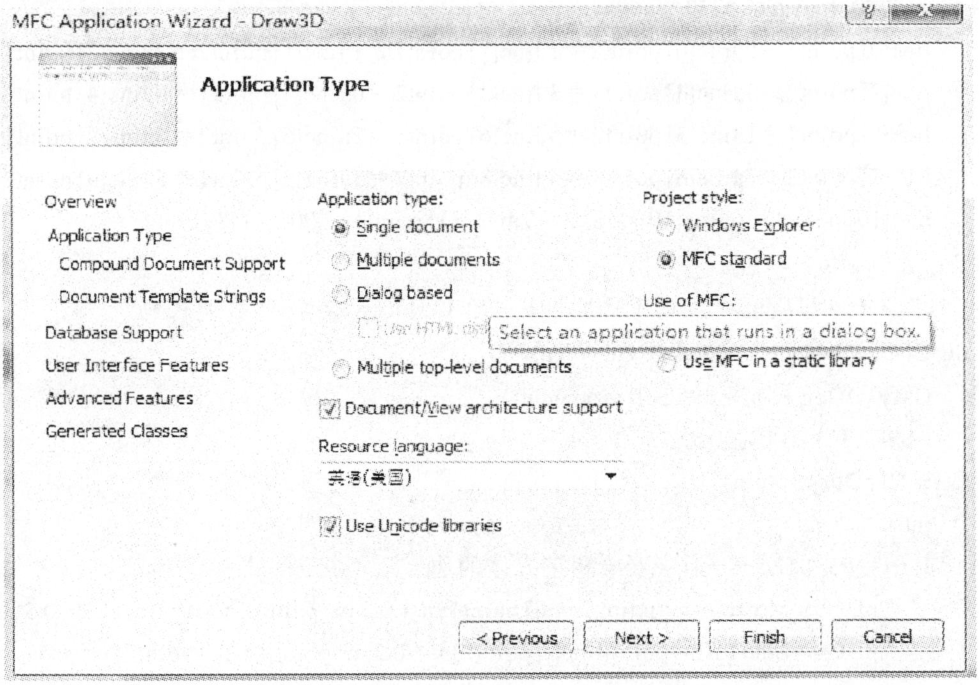

图 4.3 MFC Application Wizard 对话框

2. 在"CDraw3DView"类中添加变量

```
struct Point{//正方体的顶点
    double x;double y;double z;
}m_point[8];
struct Line{//正方体的边
    int point1;int point2;
}line[12];
double x0,y0,z0; //原点的x、y、z坐标
int first_x,first_y,pre_x,pre_y;
```

3. 在"CDraw3DView"类的CPP文件中的构造函数中添加代码

```
CDraw3DView::CDraw3DView(){
    //初始化正方体的顶点
    m_point[0].x=200; m_point[0].y=200; m_point[0].z=200; m_point[1].x=260;
    m_point[1].y=200; m_point[1].z=200; m_point[2].x=260;m_point[2].y=200;
    m_point[2].z=260; m_point[3].x=200; m_point[3].y=200; m_point[3].z=260;
```

```
    m_point[4].x=200; m_point[4].y=260; m_point[4].z=200; m_point[5].x=260;
    m_point[5].y=260; m_point[5].z=200; m_point[6].x=260; m_point[6].y=260;
    m_point[6].z=260; m_point[7].x=200; m_point[7].y=260; m_point[7].z=260;
    //将原点设置为正方体的第一个顶点
    x0=m_point[0].x; y0=m_point[0].y; z0=m_point[0].z;
    //初始化正方体的边
    line[0].point1=0;line[0].point2=1;line[1].point1=1;line[1].point2=2;line[2].point1=2;
    line[2].point2=3;line[3].point1=3;line[3].point2=0;line[4].point1=0;line[4].point2=4;
    line[5].point1=1;line[5].point2=5;line[6].point1=2;line[6].point2=6;line[7].point1=3;
    line[7].point2=7;line[8].point1=4;line[8].point2=5;line[9].point1=5;line[9].point2=6;
    line[10].point1=6;line[10].point2=7;line[11].point1=7;line[11].point2=4;
}
```

4. 在"CDraw3DView"类的 CPP 文件中的 OnDraw 函数中添加代码

```
void CDraw3DView::OnDraw(CDC * pDC){
    CMy3DDoc * pDoc=GetDocument();
    ASSERT_VALID(pDoc);
    if (! pDoc) return;
    int i;
    for(i=0;i<12;i++){  //绘制正方体的边
        pDC->MoveTo(m_point[line[i].point1].x+0.5,m_point[line[i].point1].y+0.5);
        pDC->LineTo(m_point[line[i].point2].x+0.5,m_point[line[i].point2].y+0.5);
    }
    CBrush    brush(RGB(255,0,0));  //画刷填充
    CBrush *    pOldbrush=pDC->SelectObject(&brush);
    pDC->Ellipse(x0-3,y0-3,x0+3,y0+3);pDC->SelectObject(pOldbrush);  //绘制原点
}
```

5. 为程序添加函数

在"Class View"框中右键单击"CDraw3DView"类，选择"Add"→"Add Function"，如图4.4所示。弹出如图 4.5 所示对话框，在该对话框中将"Return type"设置为"void"，"Function name"设置为"Rotate"，添加 3 个参数至参数列表，它们的"Parameter type"分别为"struct Point *"、"double"和"double"，"Parameter name"分别为"point"、"angle_x"和"angle_y"，"Access"均为"public"。

6. 在"CDraw3DView"类的 CPP 文件中添加该函数的实现代码

```
void CDraw3DView::Rotate(struct Point * point, double angle_x, double angle_y){
//正方体旋转
    int i;
    for(i=0;i<8;i++,point++){
        double x=( * point).x-x0,y=( * point).y-y0,z=( * point).z-z0;
```

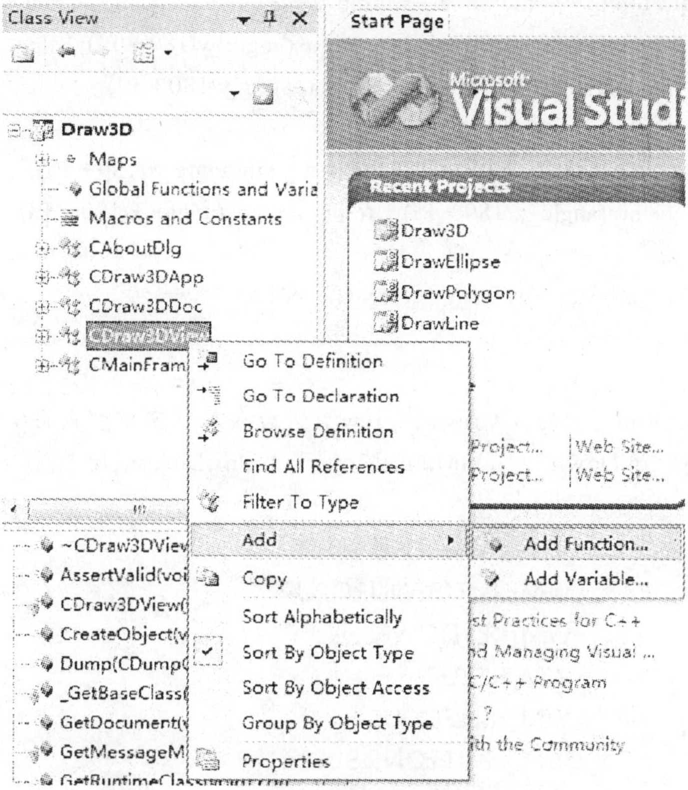

图 4.4　为类添加函数

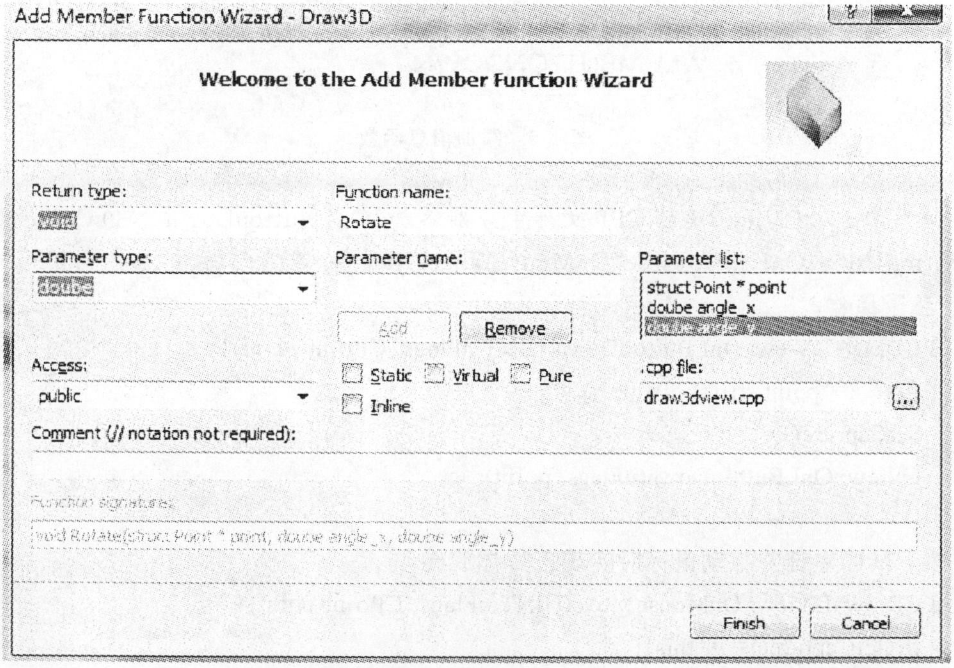

图 4.5　添加成员函数对话框

```
        double temp_x=x,temp_y=y,temp_z=z;
    temp_x=z * sin(angle_y/180 * PI)+x * cos(angle_y/180 * PI);
    temp_z=z * cos(angle_y/180 * PI)-x * sin(angle_y/180 * PI);
    temp_y=y;
    y=temp_y * cos(angle_x/180 * PI)-temp_z * sin(angle_x/180 * PI);
    z=temp_y * sin(angle_x/180 * PI)+temp_z * cos(angle_x/180 * PI);
    x=temp_x;
    ( * point).x=x+x0;( * point).y=y+y0;( * point).z=z+z0;
  }
}
```

7. 选中“Class View”中的“CDraw3DView”，然后在属性窗口中点击消息，如图 4.6 所示，分别添加“OnLButtonDown”、“OnMouseMove”、“OnLButtonUp”、“OnKeyDown”、“OnMouseWheel”消息函数。

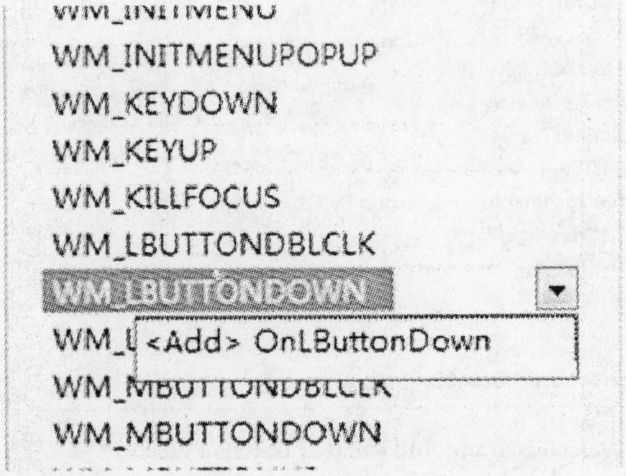

图 4.6　添加消息函数

8. 在“CDraw3DView”类的 CPP 文件中分别添加“OnLButtonDown”、“OnMouseMove”、“OnLButtonUp”、“OnKeyDown”、“OnMouseWheel”函数的实现代码，用来控制图形的缩放、旋转、平移等操作。

```
void CDraw3DView::OnLButtonDown(UINT nFlags, CPoint point){
    first_x=point.x;first_y=point.y;
    SetCapture();
    CView::OnLButtonDown(nFlags, point);
}
//按下鼠标左键并拖动鼠标时实现正方体旋转
void CDraw3DView::OnMouseMove(UINT nFlags, CPoint point){
    if(GetCapture()==this){
        pre_x=point.x;pre_y=point.y;
        Rotate(m_point, (first_y-pre_y)/10, (pre_x-first_x)/10);
```

```
            Invalidate(true);
        }
        CView::OnMouseMove(nFlags, point);
    }
    void CDraw3DView::OnLButtonUp(UINT nFlags, CPoint point){
        ReleaseCapture(); //放开鼠标左键停止旋转
        CView::OnLButtonUp(nFlags, point);
    }
    //实现正方体向上、向下、向左、向右 4 个方向的移动
    void CDraw3DView::OnKeyDown(UINT nChar, UINT nRepCnt, UINT nFlags){
        int i;
        switch(nChar){
        case VK_UP: for(i=0;i<8;i++)m_point[i].y-=5; break;
        case VK_DOWN: for(i=0;i<8;i++)m_point[i].y +=5; break;
        case VK_LEFT: for(i=0;i<8;i++)m_point[i].x-=5; break;
        case VK_RIGHT: for(i=0;i<8;i++)m_point[i].x +=5; break;
        }
        x0=m_point[0].x;y0=m_point[0].y;z0=m_point[0].z;
        Invalidate(true);
        CView::OnKeyDown(nChar, nRepCnt, nFlags);
    }
    //实现正方体的缩放
    BOOL CDraw3DView::OnMouseWheel(UINT nFlags, short zDelta, CPoint pt){
        int i;
        for(i=1;i<8;i++){
            double x=m_point[i].x-x0,y=m_point[i].y-y0,z=m_point[i].z-z0;
            x+=x * zDelta/200 ;y+=y * zDelta/200 ;z+=z * zDelta/200 ;
            m_point[i].x=x+x0;m_point[i].y=y+y0;m_point[i].z=z+z0;
        }
        Invalidate(true);
        return CView::OnMouseWheel(nFlags, zDelta, pt);
    }
```

9. 至此，便完成了立体图形三维几何变换程序，运行结果如图 4.7 所示。

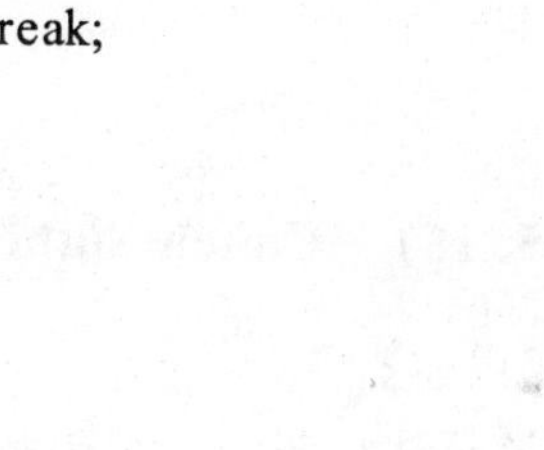

图 4.7　立体图形三维几何变换程序运行结果

第五章　图形裁剪

在使用计算机处理图形信息时，往往计算机内部存储的图形比较大，而屏幕上只是显示图形的一部分。为了看到图形的局部细节，往往利用缩放技术，把图形的局部区域放大显示。在放大显示图形的一部分区域时，必须确定图形中哪些部分落在显示区域之内，哪些部分落在显示区域之外，以便只显示落在显示区域内的那部分图形，这个选择过程称为“裁剪”。

在进行裁剪时，画面中对应于屏幕显示的那部分区域称为“窗口”。一般把窗口定义为矩形，也可以是其他多边形。裁剪算法包括：对线段的裁剪及对多边形的裁剪。下面的裁剪算法都是较常用且成熟的算法。

5.1　二维线段裁剪

5.1.1　Cohen-Sutherland 线段裁剪算法

【内容】

该算法也叫线段编码裁剪算法，其裁剪对象是线段，裁剪窗口是矩形。裁剪窗口及其延长线把二维平面分成 9 个区域，每个区域各用一个四位二进制代码标识，具体编码规则请看教材。算法首先对线段的两个端点按所在区域进行编码，根据编码可以迅速地判明线段相对于窗口的位置。对于每条线段 P_1P_2 分为 3 种情况处理：

(1)若 P_1P_2 完全在窗口内，则显示该线段，简称“保留”；

(2)若 P_1P_2 同在窗口某一外侧(左侧、右侧、上侧、下侧)，则不显示该线段，简称“舍弃”；

(3)若线段不满足上述两个条件，则求交点。交点将线段分为两段，其中一段完全在窗外，可舍弃；然后对另一段重复上述处理。

【算法思想】

主函数传给 Cohen－Sutherland 线段裁剪程序待裁剪线段的两个端点坐标(x1，y1，x2，y2)，以及矩形窗口参数(xl，yb，xr，yt)。从裁剪函数返回显示信息 visible(0：不可见；1：可见)，可见时还应求得线段在窗口内(含窗口上)的两个端点坐标。

```
if(visible)
  { 图形初始化；
    画窗口矩形框；
    画窗口内线段；
    退出图形状态；
  }
else
```

```
        {屏幕打印:"不可见!"  }
```

下面给出线段端点编码函数:

```
compoutcode(x,y,code)
float  x,y;
struct{unsigned  bitvalue:4;} * code;
{  (* code).bitvalue=0;
    if(y>yt)  (* code).bitvalue=(* code).bitvalue|8;
    else  if(y<yb)(* code).bitvalue=(* code).bitvalue|4;
    if(x>xr)   (* code).bitvalue=(* code).bitvalue|2;
    else  if(x<xl)(* code).bitvalue=(* code).bitvalue|1;
}
```

Cohen-Sutherland 线段裁剪算法:

```
(1)设初值:visible=0;done=1;
(2)端点 p1 编码得 c1;端点 p2 编码得 c2;
(3)do {  if(c1 为 0 且 c2 为 0) {  visible=1;done=0; }
        else  if( c1 与 c2 按位逻辑乘不为 0)  done=0;
              else
              { if(c1 不为 0)  /* 将窗外端点编码记在 c 中。 */
                    c=c1;
                else
                    c=c2;
                if(在上边界外) 与上边界求交点 p(x,y);
                else if(在下边界外) 与下边界求交点 p(x,y);
                else if(如在左边界外) 与左边界求交点 p(x,y);
                else 与右边界求交点 p(x,y);
                if(c 等于 c1)  /* 将窗外端点移到交点处并重新编码。 */
                  {  p1=p;并对端点 1 重新编码;}
                else
                  {  p2=p;并对端点 2 重新编码;}
              }
    }while(done);
```

【实习提示】

(1)交点坐标 X、Y 的计算,请看教材。

(2)端点编码 C,C_1,C_2 须用结构字段类型。

(3)注意各函数间参数的正确传递。可以选择全局变量及地址传递的方法,进行参数在各函数间的来回传递。

【基本要求】

实现任一线段对给定矩形窗口的裁剪。

5.1.2　梁友栋-Barsky 直线裁剪算法

【内容】

Cyrus 和 Beck 用参数化方法提出了比 Cohen-Sutherland 更有效的算法。后来梁友栋和 Barsky 独立地提出了更快的参数化线段裁剪算法，也称为 Liany-Barsky(LB)算法。

【算法思想】

我们知道，一条两端点为 $P_1(x_1,y_1)$，$P_2(x_2,y_2)$ 的线段可以用参数方程形式表示：

$$\begin{aligned} x &= x_1 + u\cdot(x_2 - x_1) = x_1 + u\cdot\Delta x \\ y &= y_1 + u\cdot(y_2 - y_1) = y_1 + u\cdot\Delta y, 0 \leqslant u \leqslant 1 \end{aligned} \tag{5.1}$$

参数 u 在 0～1 之间取值，$P(x,y)$ 代表了该线段上的一个点，其值由参数 u 确定，由公式可知，当 $u=0$ 时，该点为 $P_1(x_1,y_1)$，当 $u=1$ 时，该点为 $P_2(x_2,y_2)$。如果点 $P(x,y)$ 位于由坐标 (xw_{min},yw_{min}) 和 (xw_{max},yw_{max}) 所确定的窗口内，那么下式成立：

$$\begin{aligned} xw_{min} &\leqslant x_1 + u\cdot\Delta x \leqslant xw_{max} \\ yw_{min} &\leqslant y_1 + u\cdot\Delta y \leqslant yw_{max} \end{aligned} \tag{5.2}$$

这 4 个不等式可以表示为：

$$u\cdot p_k \leqslant q_k,\quad k = 1,2,3,4 \tag{5.3}$$

其中，参数 p,q 定义为：

$$\begin{aligned} p_1 &= -\Delta x, q_1 = x_1 - xw_{min} \\ p_2 &= \Delta x,\ \ q_2 = xw_{max} - x_1 \\ p_3 &= -\Delta y, q_3 = y_1 - yw_{min} \\ p_4 &= \Delta y,\ \ q_4 = yw_{max} - y_1 \end{aligned} \tag{5.4}$$

从(5.4)式可以知道：任何平行于窗口某边界的直线，其 $p_k=0$，k 值对应于相应的边界($k=1,2,3,4$ 对应于左、右、下、上边界)。如果还满足 $q_k<0$，则线段完全在边界外，应舍弃该线段。如果 $p_k=0$ 并且 $q_k\geqslant 0$，则线段平行于裁剪边界并在窗口内，见图 5.1 所示。公式(5.4)式还告诉我们：

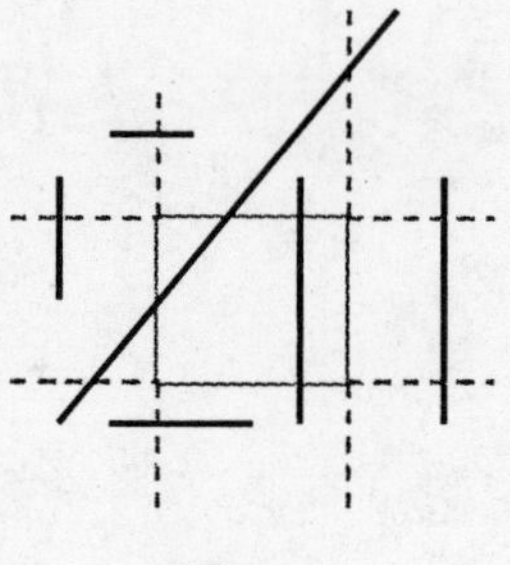

图 5.1

当 $p_k<0$ 时，线段从裁剪边界延长线的外部延伸到内部；

当 $p_k>0$ 时，线段从裁剪边界延长线的内部延伸到外部；

当 $p_k\neq 0$ 时，可以计算出参数 u 的值，它对应于无限延伸的直线与延伸的窗口边界 k 的交点，即：

$$u = q_k / p_k \tag{5.5}$$

对于每条直线，可以计算出参数 u_1 和 u_2，该值定义了位于窗口内的线段部分。

u_1 的值由线段从外到内遇到的矩形边界所决定($p_k<0$)，对这些边界计算 $r_k=q_k/p_k$，u_1 取 0 和各个 r 值之中的最大值。

u_2 的值由线段从内到外遇到的矩形边界所决定($p_k>0$)，对这些边界计算 $r_k=q_k/p_k$，u_2 取 0 和各个 r 值之中的最小值。

如果 $u_1>u_2$，则线段完全落在裁剪窗口之外，应当被舍弃；否则，被裁剪线段的端点可以由 u_1 和 u_2 计算出来。

【算法步骤】

(1)初始化线段交点的参数：$u_1=0$，$u_2=1$；

(2)计算出各个裁剪边界的 p、q 值；

(3)调用函数 $clipTest(\ )$，在函数中根据 p,q 来判断：是舍弃线段还是改变交点的参数：

1)当 $p<0$ 时，参数 r 用于更新 u_1，($u_1=max\{u_1,\cdots,r_k\}$)；

2)当 $p>0$ 时，参数 r 用于更新 u_2，($u_2=min\{u_2,\cdots,r_k\}$)；

3)如果更新了 u_1 或 u_2 后，出现 $u_1>u_2$，则舍弃该线段；

4)当 $p=0$ 且 $q<0$ 时，因为线段平行于边界并且位于边界之外，则舍弃该线段。

(4)p,q 的 4 个值经判断后，如果该线段未被舍弃，则裁剪线段的端点坐标由参数 u_1 和 u_2 的值决定。

【梁友栋-Barsky 裁剪源程序】

```
# include "graphics.h"
int clipTest(float p,float q,float * u1,float * u2)
{  int flag=1;      /* flag 为标志变量，0 表示舍弃；1 表示可见。 */
   float r;
    if(p<0.0)
      { r=q/p;
        if(r> * u2)
           flag=0;
        else
           if(r> * u1)
            * u1=r;          /* u1 取“进入”点的最大参数值 */
      }
      else if(p>0.0)
        { r=q/p;
          if(r< * u1)
             flag=0;
          else
             if(r< * u2)
              * u2=r;     /* u2 取“离开” 点的最小参数值 */
        }
    else
      if(q<0.0)  /* p=0，且 q<0;平行于边界，而且在界外的线 */
             flag=0;
    return(flag);
}
void clipLine(int xwmin,int ywmin,int xwmax,int ywmax,int x1,int y1,int x2,int y2)
{  float u1=0.0,u2=1.0,dx=x2-x1,dy=y2-y1;
   if(clipTest(-dx,x1-xwmin,&u1,&u2))
    if(clipTest(dx,xwmax-x1,&u1,&u2))
```

```
    { if(clipTest(-dy,y1-ywmin,&u1,&u2))
      if(clipTest(dy,ywmax-y1,&u1,&u2))
        { if(u2 <1.0)
          {  x2=x1+u2 * dx;     /* 通过 u2 求得裁剪后的 p2端点 */
             y2=y1+u2 * dy;
          }
          if(u1>0.0)
          {  x1=x1+u1 * dx;   /* 通过 u1 求得裁剪后的 p1端点 */
             y1=y1+u1 * dy;
          }
            line(x1,y1,x2,y2);     /* 裁剪后的线段输出 */
        }
    }
}
```

【算法特点】

梁友栋-Barsky 算法只能应用于矩形窗口的情形。通常梁友栋-Barsky 算法比 Cohen-Sutherland 算法效率更高,因为需要计算的交点数目减少了。更新参数 u_1,u_2 仅仅需要一次除法;线段与窗口边界的交点仅计算一次,就计算出 u_1,u_2 最后的值。相比之下,即使一条线段完全落在裁剪窗口之外,Cohen-Sutherland 算法也要对它反复求交点,而且每次求交计算都需要作乘除法。

梁友栋-Barsky 和 Cohen-Sutherland 算法都可以扩展为三维裁剪算法。

【基本要求】

实现任一线段对给定矩形窗口的裁剪。

5.1.3 Nicholl-Lee-Nicholl(NLN)直线裁剪算法

【内容】

该算法通过对二维平面的更详细划分,在窗口周围建立更多的分区,先对线段端点进行分区测试,判断出端点在哪个分区,再求交,省掉许多求交运算。与 Cohen-Sutherland 算法相比,比较和分割的计算量更少,效率更高。

【算法思想】

对于端点为 P_1、P_2 的线段,首先决定 P_1 相对于裁剪矩形 9 个区域的位置。在图 5.2 中只要考虑 P_1 落在 0、4、5 这 3 个区域。如果 P_1 位于其他 6 个区域中的任何一个位置,则可以用对称变换将其变换到这 3 个区域中的一个区域里。

(1)从 P_1 点向窗口的 4 个角点引射线,把平面区域分成几个有意义的区域,见图 5.3。判断 P_2所在区域位置,可判定 P_1P_2 与窗口哪条边求交。

(2)当 P_1 在窗口内[见图 5.3(a)]。此时,如果 P_2 也在窗口内,那么 P_1P_2完全可见;否则,从 P_1向窗口的 4 个角点引射线,将窗口外部划分为 T、B、R、L 这 4 个区域,P_2位于哪一个区域中,就求 P_1P_2与对应边界的交点,P_1到交点之间部分为线段的可见部分。

(3)当 P_1 在左边区。从 P_1 向窗口的 4 个角点引射线,得到 L、LR、LT、LB 4 个区域,如

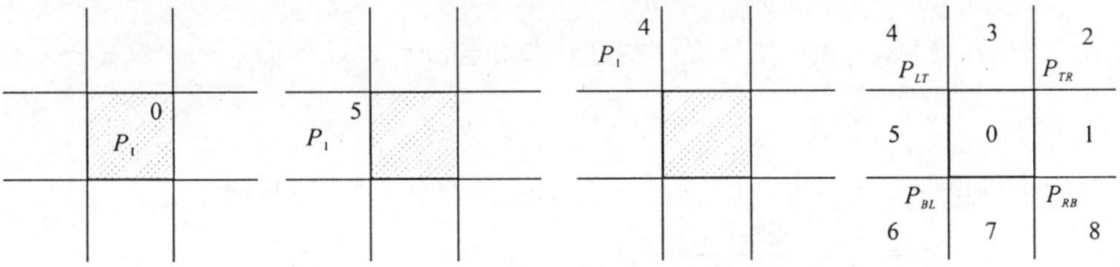

图 5.2　在 NLN 算法中线段端点 P_1 的 3 种位置和裁剪窗口分区图

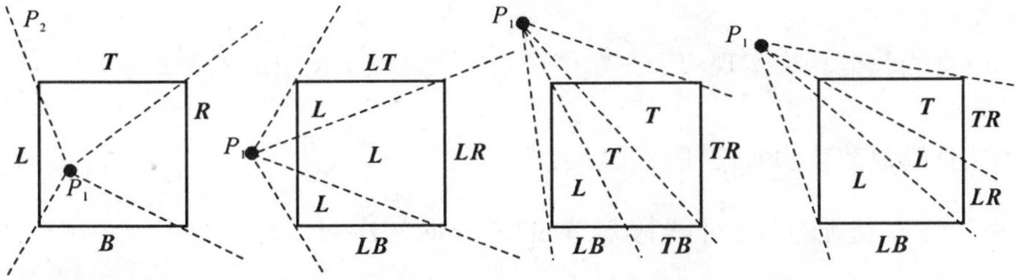

(a) P_1在窗口内　(b) P_1在左边区　(c) P_1在左上区角情况1　(d) P_1在左上区角情况2

图 5.3　P_1 位于不同区域的裁剪分区图

图 5.3(b)所示，这 4 个区域确定了 P_1P_2 与窗口边界相交的情况。例如，如果 P_2在区域 L 中，我们就求 P_1P_2与左边界的交点，交点到 P_2之间部分为线段的可见部分；如果 P_2在区域 LB 中，我们分别求 P_1P_2与左边界以及 P_1P_2与下边界的交点，两个交点之间部分为线段的可见部分；如果 P_2不在 L、LR、LT、LB 这 4 个区域中，那么 P_1P_2完全不可见。

(4)当 P_1 在左上角区。从 P_1 向窗口的 4 个角点引射线，得到如图 5.3(c)、(d)所示两种可能的区域划分。如果 P_2 在 L、T、LB、TB、TR、LR 等区域中，可以求 P_1P_2 与对应边界的交点，得到线段的可见部分；如果 P_2 不在上述区域中，那么 P_1P_2 完全不可见。

【算法步骤】

第一步：窗口四边所在的直线将二维平面划分成 9 个区域，假定 P_1落在区域 0、4、5 区域；

第二步：从 P_1 点向窗口的 4 个角点发出射线，这 4 条射线和窗口的 4 条边所在的直线一起将二维平面划分为更多的小区域；

第三步：确定 P_2 所在的区域；

第四步：求交点，确定 P_1P_2 的可见部分。

【实现提示】

(1)P_2 所在区域的确定。为了确定 P_2所在区域，要比较线段 P_1P_2的斜率和裁剪区域边界的斜率。例如，如果 P_1在左边区，满足条件：斜率 P_1P_{TR}<斜率 P_1P_2<斜率 P_1P_{TL}，则 P_2在区域 LT 中，即：

$$\frac{y_T - y_1}{x_R - x_1} < \frac{y_2 - y_1}{x_2 - x_1} < \frac{y_T - y_1}{x_L - x_1}$$

如果满足下列条件，$(y_T - y_1)(x_2 - x_1) < (x_L - x_1)(y_2 - y_1)$则舍弃整个直线。

(2)求交计算。将上述测试和计算结果保存，用于进行求交计算。由参数方程：

$$x = x_1 + (x_2 - x_1)u$$

$$y = y_1 + (y_2 - y_1)u$$

①由于 P_2 在区域 LT 中,先与窗口左边界求交点:$x = x_L$,$u = (x_L - x_1)/(x_2 - x_1)$,所以

$$y = y_1 \frac{y_2 - y_1}{x_2 - x_1}(x_L - x_1)$$

②再与窗口顶部边界求交点:$y = y_T$,$u = (y_T - y_1)/(y_2 - y_1)$,则:

$$x = x_1 + \frac{x_2 - x_1}{y_2 - y_1}(y_T - y_1)$$

窗口左边界交点和窗口顶部边界交点的连线,即为线段的可见部分。

【基本要求】

用 NLN 直线裁剪算法实现:P_1 在左边区,P_2 在区域 LR 中的裁剪。

【提高要求】

用 NLN 直线裁剪算法实现任意线段的裁剪。

5.1.4 凸多边形窗口对线段裁剪的 Cyrus - Beck 算法

【内容】

该算法也叫参数化裁剪算法,是由 Cyrus 和 Beck 提出,故被人称为 Cyrus - Beck 算法。见图 5.4,考虑一个凸多边形窗口和一条线段,假定 A 是窗口边界上一点,N 是窗口边界在 A 点的内法向量。线段 P_1P_2 用参数方程表示:

$$P(t) = (P_2 - P_1)t + P_1 \qquad (0 \leqslant t \leqslant 1) \tag{5.6}$$

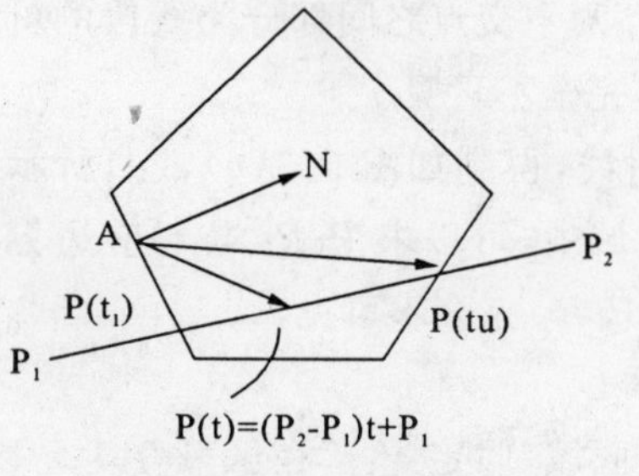

图 5.4 凸多边形裁剪区域

对于线段上任意一点 P(t),有 3 种可能:

(1)$N \cdot (P(t) - A) < 0$,这时 P(t)必在多边形外侧;

(2)$N \cdot (P(t) - A) = 0$,这时 P(t)必在多边形边界或其延长线上;

(3)$N \cdot (P(t) - A) > 0$,这时 P(t)必在多边形内侧。

由凸多边形的性质可知,P(t)在凸多边形内的充要条件是:对于凸多边形边界上任意一点 A 和该处内法向量 N ,都有 $N \cdot (P(t) - A) > 0$。

现假设多边形有 k 条边,在每条边上取一个点 A_i 和该点处的内法向量 $N_i (i = 1, 2, \cdots, k)$ 则可见线段的参数区间为下列不等式的解:

$$N_i \cdot (P(t) - A_i) \geqslant 0 \qquad (i = 1, 2, \cdots, k; 0 \leqslant t \leqslant 1) \tag{5.7}$$

把式(5.6)代入式(5.7),经整理后得:

$$N_i \cdot (P_1 - A_i) + N_i \cdot (P_2 - P_1)t \geqslant 0 \qquad (0 \leqslant t \leqslant 1) \tag{5.8}$$

当 $N_i \cdot (P_1 - A_i) + N_i \cdot (P_2 - P_1)t = 0$ 时,表示线段在多边形某边界或其延长线上,交点参数为:$t_i = -(N_i \cdot (P_1 - A_i))/(N_i \cdot (P_2 - P_1))$。实际上,我们只关心所有交点参数中的两个值 t_l 和 t_u,它们对应于可见线段的端点。因此将交点分成两类:

(1)$N_i \cdot (P_2 - P_1) > 0$,称为入点,$t_l$ 为所有入点的最大值;

(2)$N_i \cdot (P_2 - P_1) < 0$,称为出点,$t_u$ 为所有出点的最小值。

另外，若对于某个 i，有 $N_i \cdot (P_2 - P_1) = 0$。见图 5.5，这时 $N_i \perp (P_2 - P_1)$，P_1P_2 与对应边平行，无交点。这时有两种情况：

(1)线段在区域外侧。对应于 $N_i \cdot (P_1 - A_i) < 0$，可以直接判断线段在多边形之外；

(2)线段在区域内侧。对应于 $N_i \cdot (P_1 - A_i) > 0$，因为无交点，可以忽略它，继续处理其他边。

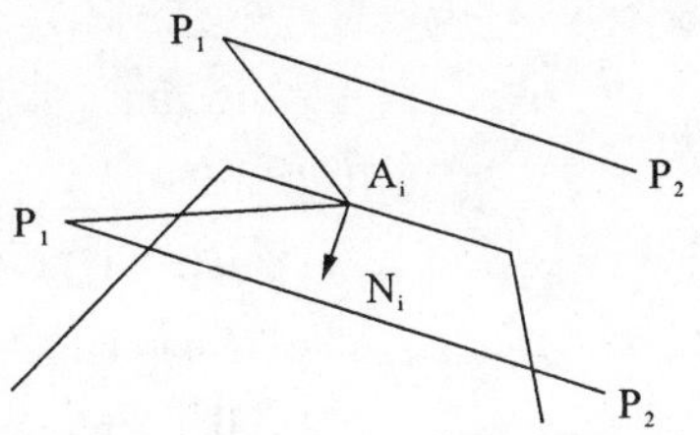

图 5.5　线段与裁剪边界平行的两种情况

有关内法向量 N 的获取与顶点(Vx_i，Vy_i)给出的方向有关，由于它垂直于某边界，因此它是某边界斜率的负导数：

(1)当顶点顺时针给出时，$N_i = [(Vy_{i+1} - Vy_i) - (Vx_{i+1} - Vx_i)]$；

(2)当顶点逆时针给出时，$N_i = [-(Vy_{i+1} - Vy_i)(Vx_{i+1} - Vx_i)]$。

最后还要判别解的合理性：若 $t_l \leqslant t_u$，则 t_l，t_u 是可见线段的端点参数；否则(即 $t_l > t_u$)，则整条线段在区域外部。

【算法思想】】

1. 主函数部分要考虑

(1)凸多边形窗口顶点坐标(Vx_i，Vy_i)的获取、待裁剪线段端点坐标(P_1，P_2)的获取。

(2)根据凸多边形窗口顶点坐标及顺序，求出窗口各边界的内法向量 N_i、窗口各边界上的一点 A_i。A_i 可以通过两顶点求中点的办法得到：

$$A_i((x_{i+1} + x_i)/2, (y_{i+1} + y_i)/2)$$

(3)画凸多边形窗口及待裁剪线段。

(4)调 Cyrus - Beck 裁剪程序，送去参数：

k(多边形边数)，a_i(各边界上任一点的坐标)，n_i(各边界上某点的内法向量)，P_1、P_2(线段端点坐标)；参数返回值：t_1(入点的最大值)，t_2(出点的最小值)。

```
f=cb(k,a,n,p1,p2,t1,t2);
if(f){ 画裁剪后的线段；}          /* 新的线段端点：p(t1)=(p2-p1) * t1 +p1 ;
                                              p(t2)=(p2- p1) * t2 +p1 ; */
else  { 打印："线段不可见！"；}
```

2. Cyrus - Beck 裁剪算法程序

(1)入点参数赋初值：tl=0；出点参数赋初值：t_u=1；

```
(2)for(j=0; j<2; j++)
      d[j]=p2[j]-p1[j];                   /* 计算:d=p2-p1 的两个方向分量 */
   for(i=0;i<k;i++)                       /* 对每条边界 i 求入点、出点参数 */
     { dn=n[i][0] * d[0]+n[i][1] * d[1];  /* 求矢量的点积:Ni · (p2-p1) */
       for(j=0; j<2; j++)
          w[j]=p1[j]-a[i][j];             /* 计算:w=p1-ai 的两个方向分量 */
       nw=n[i][0] * w[0]+n[i][1] * w[1];  /* 求矢量的点积:Ni · (p1-ai) */
       if(fabs(dn)<1.0e-6)                /* 边界与线段平行情况下的处理 */
          { if(nw<0.0)  return(0); }      /* 平行线段在边界线外 */
```

```
        else
          {   t=-nw/dn;                        /* 求交点参数  */
            if(dn<0.0)                         /* 是不是出点? */
              {  if(t<tu)    tu=t; }           /* 求最小出点 */
            else
              {  if(t>tl)    tl=t;}            /* 若是入点,则求最大入点 */
          }
      }
    *t1=tl;             /* 将入点参数交给指针变量 t1,准备返回。 */
    *t2=tu;             /* 将出点参数交给指针变量 t2,准备返回。 */
    if(tl>tu)           /* 判断裁剪参数的合理性 */
      return(0);        /* return(0),返回线段在窗口外的信息 */
    else
      return(1);        /* return(1),返回线段在窗口内的信息 */
```

【实现提示】

注意坐标点及向量的矢量表示,在二维裁剪程序中要换成两个分量的表现形式:*v*[][2](边界顶点),*a*[][2](边界上任一点),*n*[][2](边界内法向量),P_1[2](线段端点 1),P_2[2](线段端点 2)。

【基本要求】

编制 Cyrus - Beck 裁剪程序,实现任一线段面对一个凸多边形窗口的裁剪。

5.2 二维多边形裁剪

5.2.1 凸多边形窗口对多边形裁剪的 Sutherland - Hodgman 算法

【内容】

前面讨论了直线段的裁剪。对于一个待裁剪多边形,当然可以把它分解为逐段线段进行裁剪。但这样做会使原来封闭的多边形变成不封闭的或者一些离散的线段。在填充问题中,要求:封闭的多边形裁剪后仍应是封闭的多边形。为了达到这个目的,可以使用 Sutherland 和 Hodgman 发明的逐次多边形裁剪算法。该算法的基本思想是每次用窗口的一条边界及其延长线来裁剪多边形的各边。多边形通常由它的顶点序列来表示,经过裁剪规则针对某条边界裁剪后,结果形成新的顶点序列,又留待下条边界进行裁剪,如此循环,直到窗口的所有边界都裁剪完毕,算法形成最后的顶点序列,才是结果多边形(它可能构成一个或多个多边形)。

当多边形一个顶点 P_i 相对于窗口某条边界及其延长线进行剪裁时,不外乎下列 4 种情况(即裁剪规则):

a. 顶点 P_i 在内侧,前一顶点 P_{i-1} 也在内侧,则将 P_i 纳入新的顶点序列;

b. 顶点 P_i 在内侧,前一顶点 P_{i-1} 在外侧,则先求交点 Q,再将 Q,P_i 依次纳入新的顶点序列;

c. 顶点 P_i 在外侧,前一顶点 P_{i-1} 在内侧,则先求交点 Q,再将 Q 纳入新的顶点序列;

d. 顶点 P_i 与前一顶点 P_{i-1} 均在外侧，则顶点序列中不增加新的顶点。

【算法步骤】

考虑多边形相对于一条边界及其延长线进行裁剪的算法。

(1)从主函数得到待裁剪多边形的顶点序列 $P[\,][2]$、顶点序列数 n、窗口一条边界参数 x_1（假如为矩形窗口的左边界）；

(2)赋初值：将顶点序列中的最后一个顶点赋给前一顶点 S；

```
设置初始标志 flag：
  if(S 在边界内侧)
    flag=0;
  else
    flag=1;
设新的顶点序列数 j=0;
```

(3)对多边形各顶点进行裁剪规则处理，结果放入新的多边形顶点序列 $Q[\,][2]$ 中；

```
for(对第一个顶点直到最后一个顶点，逐一处理)
  {  if(Pi 在边界内侧)
       {  if(flag! =0)
            {  flag=0;
               求交点并放入新的多边形顶点序列 Qj 中；
               j++;
            }
          将当前顶点放入新的多边形顶点序列 Qj 中：Qj=Pi；
          j++;
       }
     else
       {  if(flag==0)
            {  flag=1;
               求交点并放入新的多边形顶点序列 Qj 中；
               j++;
            }
       }
     将当前顶点赋给 S：S=Pi；
  }
```

(4)做返回准备。

将新的多边形顶点序列 Q 又逐一放回原多边形顶点序列 P 中：$P=Q$；

将新的多边形顶点数 J 放回原多边形顶点数 n 中：$n=j$；

【实现提示】

(1)顶点都是矢量表示，因此程序中要换成坐标分量的形式；

(2)判断顶点是否在边界内侧，可用：

a. 坐标法：if(p[i][0]>=xl)；

b. 也可用向量叉积的符号判别法，具体内容请看教材；

(3)尽量将参数设置成全局变量，以减少主函数和被调函数间参数的传递。例如：窗口边界参数、顶点数等均可作为全局变量处理。

【基本要求】

编程实现：任一多边形对矩形窗口的左边界及其延长线实现裁剪的 Sutherland－Hodgman 算法；

【提高要求】

(a)编程实现：任一多边形对矩形窗口实现裁剪的 Sutherland－Hodgman 算法。

(b)编程实现：任一多边形对凸多边形窗口实现裁剪的 Sutherland－Hodgman 算法。

5.2.2 任意多边形窗口对多边形裁剪的 Weiler－Atherton 算法

【内容】

Weiler－Atherton 算法的裁剪窗口可以是：矩形、任意多边形(凸、凹)。还可以实现多边形相对窗口的内裁和外裁。为叙述方便，令：被裁剪多边形为主多边形；裁剪窗口为裁剪多边形。

实质上，Weiler－Atherton 算法可以看成是两个多边形所包围区域的“与”运算。

【算法思想】

主多边形和裁剪多边形的顶点序列按相同的时针方向排列(假设按顺时针)，当两个多边形相交时，交点必然成对出现，其中一个是主多边形边线进入裁剪多边形的点，称“入点”；另一个为离开裁剪多边形的点，称“离点”。算法从一个入点开始，沿着主多边形边线按顺时针方向搜集顶点序列；当遇到离点时，则沿着裁剪多边形也按顺时针方向搜集顶点序列。如此交替地沿着两个多边形边线行进，直到回到起始点为止。这时，收集到的全部交点序列就是裁剪所得的一个多边形。由于可能存在分裂的多边形，因此算法应将所有的入点搜索完毕。算法实现中，要用到 5 个数组来存放多边形顶点序列：

Ⅰ主多边形顶点序列；　Ⅲ插入交点后的主多边形顶点序列；

Ⅱ裁剪多边形顶点序列；Ⅳ插入交点后的裁剪多边形顶点序列；Ⅴ输出多边形顶点序列。

【算法步骤】

(1)生成主多边形顶点序列Ⅰ；

(2)生成裁剪多边形顶点序列Ⅱ；

(3)求出所有交点，然后将交点按顺序插入Ⅰ得到Ⅲ，插入Ⅱ得到Ⅳ；

(4)初始化输出数组 Q，从Ⅲ中找“入点”；

　　if(“入点”没找到)　程序结束；

(5)将“入点”P 放入暂存器 S 及录入到输出数组 Q 中；

(6)从Ⅲ中删除“入点”标志；

(7)从 P 开始，沿Ⅲ顺序取顶点录入到输出数组 Q；

　　if(P 不是“离点”)转 7；

(8)从 P 开始，沿Ⅳ顺序取顶点录入到输出数组 Q；

　　if(P 不是“入点”)转 8；

(9)if(P! $=$S)转 6;

(10)将数组 Q 输出;

(11)转 4。

【实现提示】

a. 数组Ⅲ、Ⅳ要采用结构数组类型:

```
struct
  {  double   x;
     double   y;
     int      flag;
  }  d3[2 0],d4[2 0];
```

其中 flag 为标志,以识别“入点”、“离点”。如:0 为非交点;1 为入点;-1 为离点。

b. 求交点时,利用主多边形的各边分别去对裁剪多边形各边求交点:

```
for(主多边形各边)
  {…;
     for(裁剪多边形各边)
        {求交点;…;}
  }
```

接着判断交点的有效性,有效交点才可以分别插入到数组Ⅰ、Ⅱ中。

c. 交点的顺序插入,意味着要对有效交点进行排序后再插入。

d. 所谓找入点、离点,必须根据 flag 找寻满足条件的下标位置,本算法中大量用到。不光数组Ⅲ中要找入点、离点,而且找到后还要转到数组Ⅳ的相应顶点位置处。

【基本要求】

编程实现:矩形窗口对多边形内裁剪的 Weiler - Atherton 算法,即保留裁剪窗口内的多边形。

【提高要求】

编程实现:矩形窗口对多边形外裁剪的 Weiler - Atherton 算法,即保留裁剪窗口外的多边形。

5.3 字符串裁剪

【内容】

由于显示窗口大小的限制,在输出文本字符串时,可能会出现一部分字符在窗口里面,一部分字符落在了窗口外面。这时候,就需要进行字符串裁剪。根据裁剪精度的不同,字符串剪裁有 3 种方法可供选择,见图 5.6。

(1)字符串精度裁剪:即字符串的有或无裁剪(all-or-none-text);

(2)字符精度裁剪:即字符的有或无裁剪(all-or-none-character);

(3)像素精度裁剪:即字符局部细节的有或无裁剪。

【算法思想】

(1)字符串精度裁剪:即字符串的有或无裁剪(all - or - none - text),将包围字符串的外

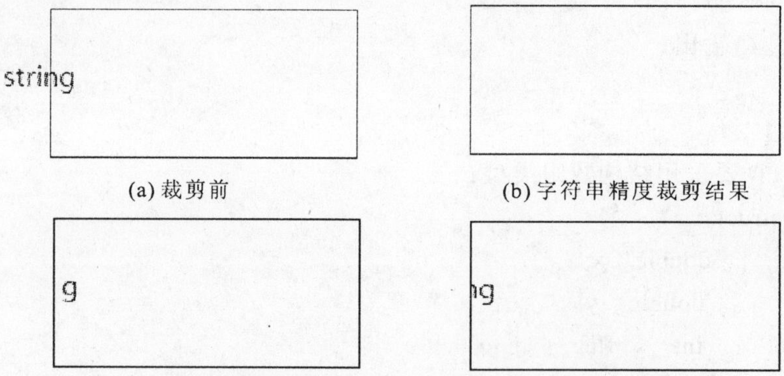

(a) 裁剪前　(b) 字符串精度裁剪结果

(c) 字符精度裁剪结果　(d) 精度裁剪结果

图 5.6　3 种字符串裁剪模式

接矩形对窗口做裁剪，只有当整个外接矩形框落在窗口内时，才显示该字符串，否则不显示。

(2)字符精度裁剪：即字符的有或无裁剪(all - or - none - character)。将包围字符的外接矩形对窗口做裁剪，只有当该字符的外接矩形框落在裁剪窗口内时，才显示该字符，否则不显示。

(3)像素精度裁剪：即字符局部细节的有或无裁剪。将字符笔画分解成直线段对窗口做裁剪。

【基本要求】

实现字符创精度裁剪算法。

【提高要求】

实现字符精度和像素精度裁剪算法。

【思考题】

如何提高像素精度字符串裁剪算法的效率？

5.4　三维 Cohen - Sutherland 直线裁剪算法

【内容】

与二维直线裁剪算法一样，三维 Cohen - Sutherland 直线裁剪算法也是采用端点编码方法来判断线段的可见性。三维裁剪中，按视见体的每一面把整个空间划分成 27 个子空间，每个子空间都用唯一编码来表示，采用 6 位编码，具体编码规则为：

第 1 位为 1 表示端点位于视见体的左边；

第 2 位为 1 表示端点位于视见体的右边；

第 3 位为 1 表示端点位于视见体的下边；

第 4 位为 1 表示端点位于视见体的上边；

第 5 位为 1 表示端点位于视见体的前边；

第 6 位为 1 表示端点位于视见体的后边；否则相应位为 0。

若一线段的两端点编码均为 0，则此线段的两端点可见，因此该线段也可见。若线段的两端点编码相与(AND)不为 0，则该线段完全不可见；否则该线段可能部分可见或完全不可见，此时需要计算视见体与线段交点，才能最后决定。

【算法思想】

可参考 5.1.1。可以看出，本算法与二维算法是一样的，只是空间区域被标示为 6 部分。所以在算法实现过程中多了两个面的判断，其他部分也只有求交点时多求一个 Z 分量。由于与二维算法一致，所以优缺点也一致。三维 Cohen－Sutherland 算法的优点在于简单，易于实现。

5.5　实　例

梁友栋直线段裁剪算法。

按照 1.3.1 中所述步骤建立一个单文档工程 LineClip，并添加鼠标的左键按下、左键释放、鼠标移动消息映射。

给 CLineClipView 类添加以下 4 个私有成员变量。

```
private:
    int m_draw; //表示绘制形状，0:不画   1:画直线段   3:画矩形裁剪框
    int m_Drag; //表示拖动状态
    CPoint m_pntPrev;
    CPoint m_pntOrigin;
    CPoint p0,p1;//直线段两端点
    CPoint Pr0,Pr1;//矩形裁剪框两对角点
```

给“CLineClipView”类添加以下成员函数：

```
int   clipTest(float p,float q,float *u1,float *u2);
```

在主菜单中增加菜单项“Clip”，并添加 3 个子菜单项“Input line”、“Input clipwindow”和“Clip”，如图 5.7 所示。右键单击“Input line”，选择“Add Event Handler...”，将弹出如图 5.8 所示对话框。

在该对话框中，“Message type”选择“COMMAND”，“Class list”选择“CLineClipView”，然后单击“Add and Edit”。在“OnClipInputline”成员函数处添加代码：m_draw＝1；

同理，给“Input clipwindow”添加事件处理函数“OnClipInputclipwindow”，并添加相关代码：m_draw＝2；

此外，给“Clip”子菜单项添加事件处理函数“OnClipClip”，并给鼠标左键按下、左键释放、鼠标移动等消息添加如下代码，完成后编译链接运行，示例结果如图 5.9 和图 5.10 所示。

```
void CLineClipView::OnLButtonDown(UINT nFlags, CPoint point)
{   // TODO: Add your message handler code here and/or call default
    switch (m_draw)
    {  case 1:       p0=point;       break;
       case 2:       Pr0=point;      break;
    default:break;
    }
    CClientDC dc(this);         //创建设备上下文环境
```

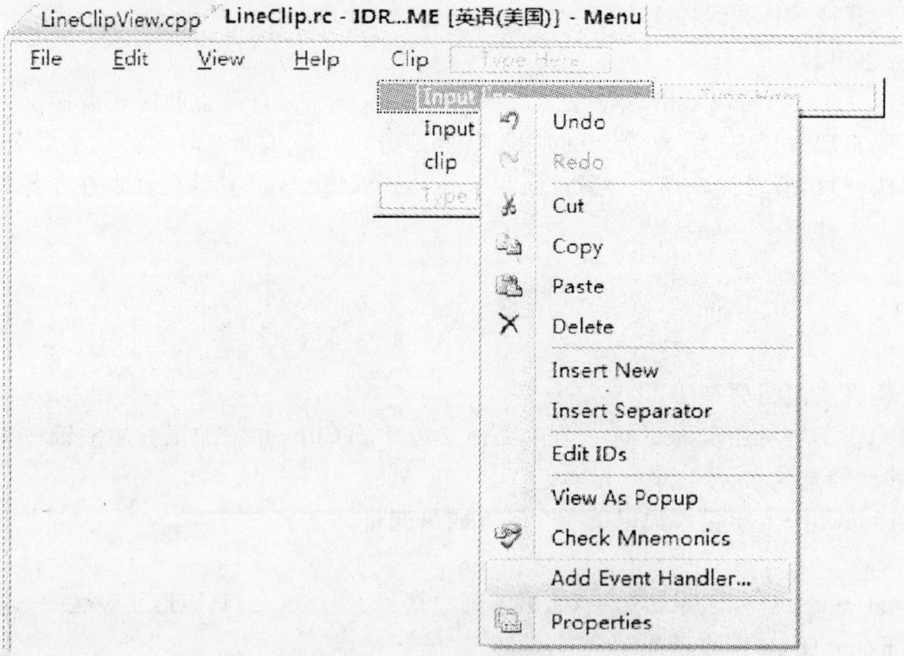

图 5.7　添加菜单项

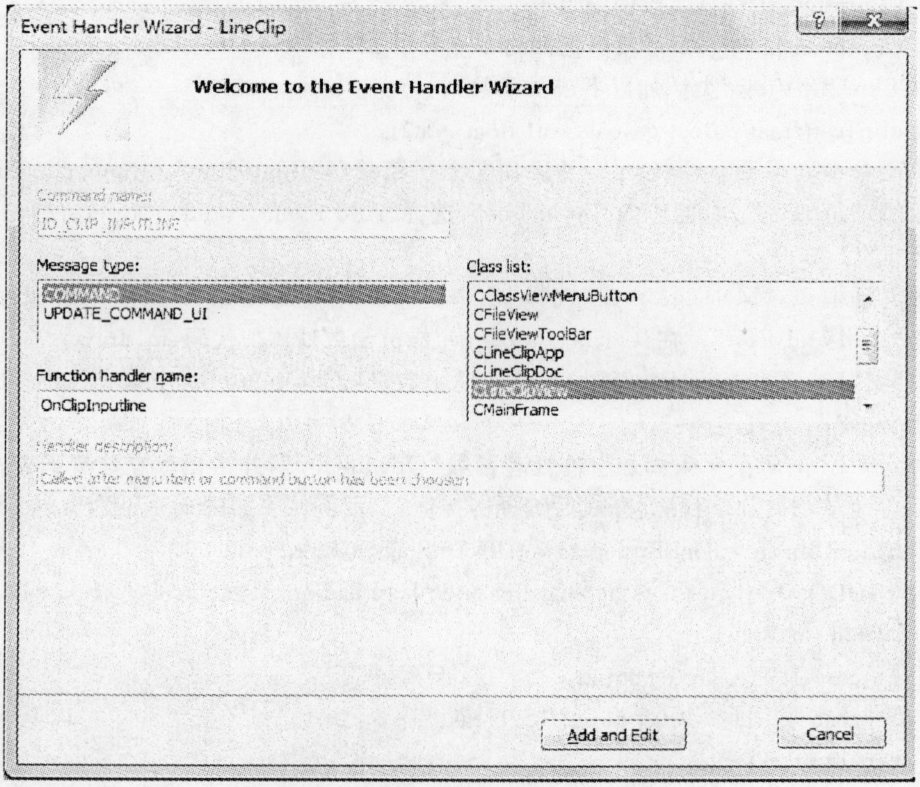

图 5.8　给菜单项添加消息映射处理函数

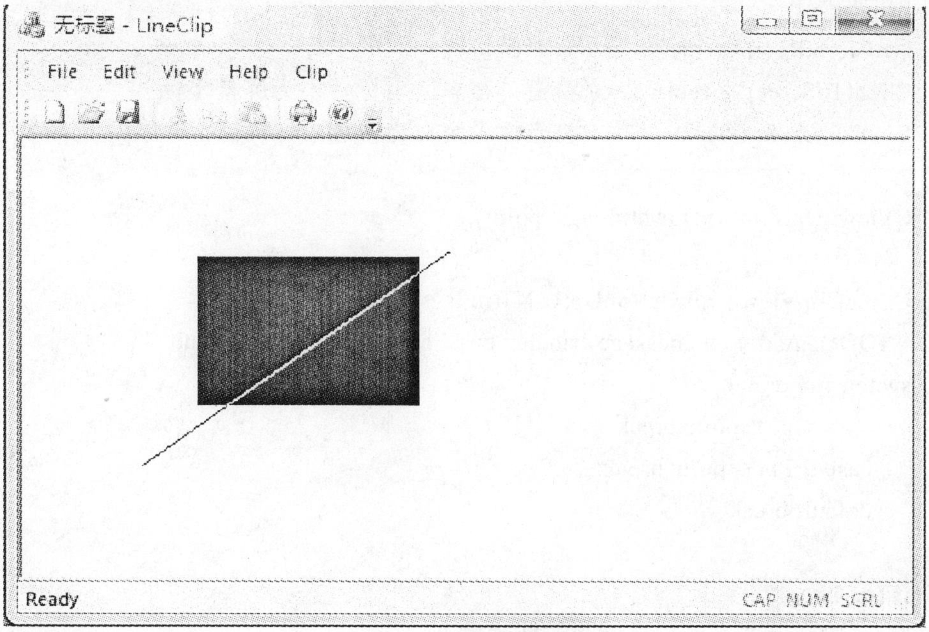

图 5.9　直线段裁剪前

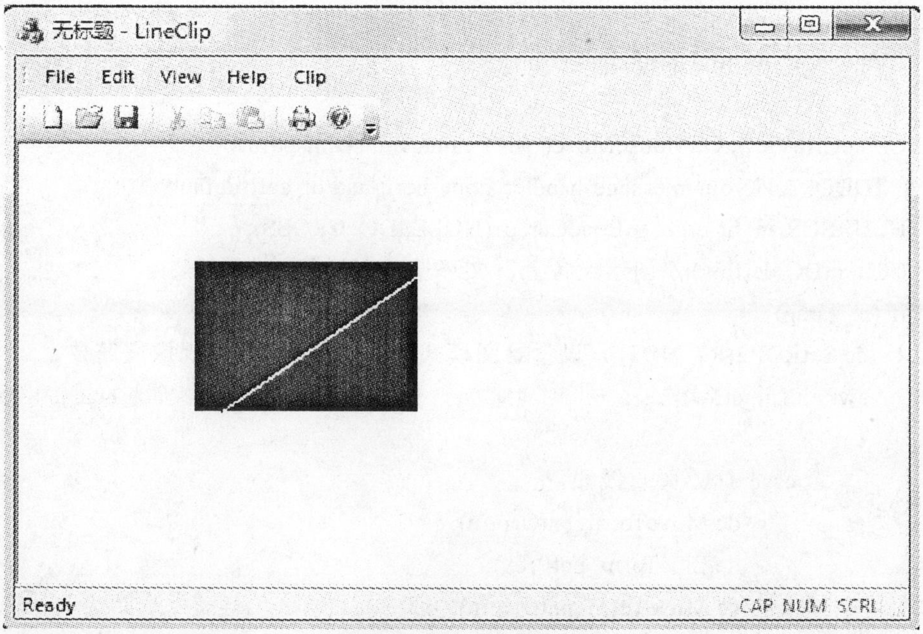

图 5.10　直线段裁剪后

```
m_pntPrev=point;           //保存鼠标光标的当前位置
m_pntOrigin=point;         //保存画线的起始位置。
SetCapture();              //使随后的鼠标消息都被送往视图窗口
m_Drag=1;                  //标志鼠标为拖动状态
```

```
        RECT rect;
        GetClientRect(&rect);        //获取窗口客户区的坐标
        ClientToScreen(&rect);       //将窗口客户区坐标转换为屏幕坐标
        ClipCursor(&rect);           //将光标限定在窗口客户区内

        CView::OnLButtonDown(nFlags, point);
}
void CLineClipView::OnLButtonUp(UINT nFlags, CPoint point)
{   // TODO: Add your message handler code here and/or call default
        switch (m_draw)
        {   case 1:p1=point;break;
            case 2:Pr1=point;break;
            default:break;
        }
        if (m_Drag)
        {   m_Drag=0;//标志鼠标为非拖动状态
            ReleaseCapture();//释放对鼠标的使用并恢复正常输入
            ClipCursor(NULL);//让鼠标可以在屏幕上任意移动
        }
        CView::OnLButtonUp(nFlags, point);
}
void CLineClipView::OnMouseMove(UINT nFlags, CPoint point)
{   // TODO: Add your message handler code here and/or call default
        HCURSOR m_hCursor=LoadCursor(NULL,IDC_CROSS);
        CClientDC dc(this);//创建设备上下文环境
        if (m_Drag)
        {   dc.SetROP2(R2_NOT);//设量绘图模式为反转模式,以实现橡皮筋技术
            switch (m_draw)
            {
                    case 1: //画直线段
                            dc.MoveTo(m_pntOrigin);
                            dc.LineTo(m_pntPrev);
                            dc.MoveTo(m_pntOrigin);
                            dc.LineTo(point);
                            m_pntPrev=point;
                            break;
                    case 2://画矩形裁剪框
                            dc.Rectangle(m_pntOrigin.x,m_pntOrigin.y,m_pntPrev.x,m_pntPrev.y);
                            dc.Rectangle(m_pntOrigin.x,m_pntOrigin.y,point.x,point.y);
```

```
                m_pntPrev=point;
                break;
            default:
                break;
        }
    }
    CView::OnMouseMove(nFlags, point);
}
void  CLineClipView::OnClipClip()
{  //TODO: Add your command handler code here
    int xwmin,ywmin,xwmax,ywmax,x1,y1,x2,y2;
    x1=p0.x;
    y1=p0.y;
    x2=p1.x;
    y2=p1.y;
    float u1=0.0,u2=1.0,dx=x2-x1,dy=y2-y1;
    xwmin=Pr0.x;
    ywmin=Pr0.y;
    xwmax=Pr1.x;
    ywmax=Pr1.y;
    if (Pr0.x>Pr1.x)
    {  xwmin=Pr1.x;
       xwmax=Pr0.x;
    }
    if (Pr0.y>Pr1.y)
    {  ywmin=Pr1.y;
       ywmax=Pr1.y;
    }
  if(clipTest(-dx,x1-xwmin,&u1,&u2))
    if(clipTest(dx,xwmax-x1,&u1,&u2))
      if(clipTest(-dy,y1-ywmin,&u1,&u2))
        if(clipTest(dy,ywmax-y1,&u1,&u2))
        {  if(u2 <1.0)
           {  x2=x1+u2 * dx;     /* 通过 u2 求得裁剪后的 p2 端点 */
              y2=y1+u2 * dy;
           }
           if(u1>0.0)
           {  x1=x1+u1 * dx;           /* 通过 u1 求得裁剪后的 p1 端点 */
              y1=y1+u1 * dy;
```

```
            }
            CClientDC dc(this);                    //创建设备上下文环境
            dc.SetROP2(R2_NOT);                    //设置绘图模式为反转模式
            dc.MoveTo(p0);
            dc.LineTo(p1);                         //擦掉原来的线
            dc.MoveTo(x1,y1);
            dc.LineTo(x2,y2);                      //画裁剪后的线
        }
    }
    int  CLineClipView::clipTest(float p,float q,float  * u1,float  * u2)
    {  int flag=1;   /* flag为标志变量,0:表示舍弃;1:表示可见。 */
       float r;
       if(p<0.0)
       {  r=q/p;
          if(r> * u2)    flag=0;
          else if(r> * u1)    * u1=r;    /* u1取"进入"点的最大参数值 */
       }
       else if(p>0.0)
       {  r=q/p;
          if(r< * u1)   flag=0;
          else if(r< * u2)    * u2=r;  /* u2取"离开"点的最小参数值 */
       }
       else if(q<0.0)    flag=0;   /* p=0,且q<0。平行于边界,而且在界外的线 */
       return(flag);
    }
```

第六章　曲　线

曲线拟合是利用假想为曲线(或接近它们的)一组离散点,寻找形式比较简单、性能良好的曲线的解析式。曲线拟合有两种方式:插值方式与逼近方式。前者所得到的曲线通过原先给定的离散点;而后者的曲线与所给的离散点相当"接近"。此章节将要求学生理解并实现目前常用的几种曲线拟合算法。

6.1　拉格朗日插值曲线

【内容】

设多项式曲线通过 $k+1$ 个控制点 $(x_0, y_0, z_0), (x_1, y_1, z_1), \cdots (x_k, y_k, z_k)$,拉格朗日插值多项式为:

$$p(t) = \sum_{i=0}^{k} f(t_i) \cdot l_i(t) \qquad i = 0, 1, \cdots, k \tag{6.1}$$

其中 $l_i(t)$称为混合函数,它可写成:

$$l_i(t) = \prod_{\substack{j=0 \\ i \neq j}}^{k} (t - t_j) / \prod_{\substack{j=0 \\ i \neq j}}^{k} (t_i - t_j) \tag{6.2}$$

由定义可知 $l_i(t_j) = \delta_{ji} = \begin{cases} 1 & j = i \\ 0 & j \neq i \end{cases}$

由此可见,当 $t=i$ 时,函数 $l_i(t)$将对第 i 个控制点具有完全的控制权。实际上,参数值 t 的具体值不重要,重要的是正确的次序。例如,可设计如下的混合函数:

设 $t_0=-1, t_1=0, t_2=1, t_3=2$,由此可得 4 个混合函数:

$$l_0(t) = \frac{t(t-1)(t-2)}{(-1)(-2)(-3)} = \frac{t(t-1)(t-2)}{-6}$$

$$l_1(t) = \frac{(t+1)(t-1)(t-2)}{(1)(-1)(-2)} = \frac{(t+1)(t-1)(t-2)}{2}$$

$$l_2(t) = \frac{(t+1)t(t-2)}{(2)(1)(-1)} = \frac{(t+1)t(t-2)}{-2}$$

$$l_3(t) = \frac{(t+1)t(t-1)}{(3)(2)(1)} = \frac{(t+1)t(t-1)}{6}$$

利用这些函数及 4 个样本点,可产生通过这 4 个样本点的曲线:

$$\begin{cases} x = x_0 l_0(t) + x_1 l_1(t) + x_2 l_2(t) + x_3 l_3(t) \\ y = y_0 l_0(t) + y_1 l_1(t) + y_2 l_2(t) + y_3 l_3(t) \\ z = z_0 l_0(t) + z_1 l_1(t) + z_2 l_2(t) + z_3 l_3(t) \end{cases} \tag{6.3}$$

【算法思想】

由式(6.3)可见，由4个控制点得到的曲线是三次多项式，若想用三次多项式来得到多于4个控制点的曲线，整条曲线可重复这一过程：先取邻近的样本点(0,1,2,3)并在中间两点(1,2)作逼近，然后往前推进一个样本点，即在这一边取一个新的样本点，而在另一边丢掉一个点，于是得到(1,2,3,4)，然后再逼近曲线(2,3)部分，如此连续地移动样本点，一直到整条曲线画完为止，如图6.1所示。曲线的开始部分及最后部分需做特殊处理。

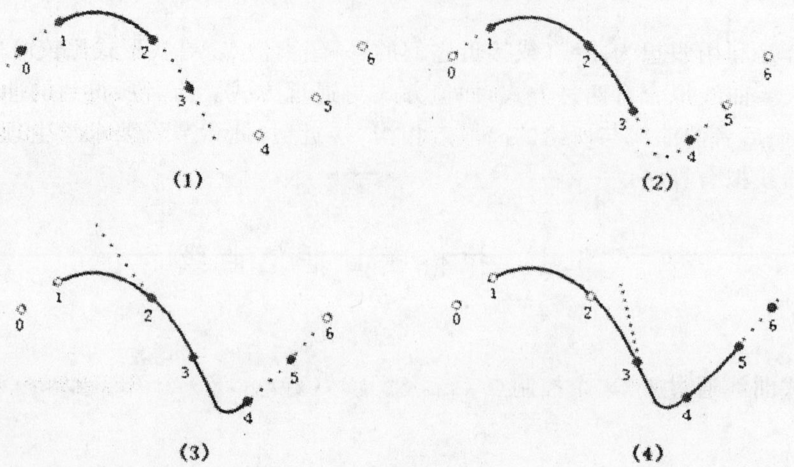

图6.1　用三次拉格朗日插值曲线函数实现超过4个控制点的曲线绘制

下面是用三次拉格朗日插值公式画曲线的算法。

```
lugrange(xa,ya,za,k,l_section)
int *xa, *ya, *za,k,l_section;          /*  xa,ya,za为存放k个控制点坐标的数组，
                                            l_section为每一曲线段的直线段数。  */
{  for(i=0;i<l_section;i++)
   {  u=i/l_section;                        /**求中间段混合函数值**/
      blend[0][i]=u*(u-1)*(u-2)/(-6);
      blend[1][i]=(u+1)*(u-1)*(u-2)/2;
      blend[2][i]=(u+1)*u*(u-2)/(-2);
      blend[3][i]=(u+1)*u*(u-1)/6;
      v=u-1;                                /*  求第一段混合函数值  */
      f_blend[0][i]=v*(v-1)*(v-2)/(-6);
      f_blend[1][i]=(v+1)*(v-1)*(v-2)/2;
      f_blend[2][i]=(v+1)*v*(v-2)/(-2);
      f_blend[3][i]=(v+1)*v*(v-1)/6;
      w=u+1;                                /*  求最后一段混合函数值  */
      l_blend[0][i]=w*(w-1)*(w-2)/6;
      l_blend[1][i]=(w+1)*(w-1)*(w-2)/2;
      l_blend[2][i]=(w+1)*w*(w-2)/(-2);
```

```
    l_blend[3][i]=(w+1)*w*(w-1)/6;
}
for(i=0;i<4;i++)            /*取 0~3 控制点坐标*/
{  xsm[i]=xa[i];
   ysm[i]=ya[i];
   zsm[i]=za[i];
}
moveto(xa[0],ya[0];za[0]);
for(j=0,j<l_section;j++)  /*画 0~1 控制点间的曲线*/
{  x=y=z=0;
   for(i=0;i<4;i++)         /*求第 j 直线段的插值点坐标*/
    {  x=x+xsm[i]*f_blend[i][j];
       y=y+ysm[i]*f_blend[i][j];
       z=z+zsm[i]*f_blend[i][j];
    }
    lineto(x,y,z);            /*画第 j 个直线段*/
 }
 for(m=4;m<k;m++)       /*依次画出各 4 个控制点之间的中间曲线段*/
 { for(j=0;j<=l_section;j++)
    { x=y=z=0;
    for(i=0;i<4;i++)
    {  x=x+xsm[i]*blend[i][j];
       y=y+xsm[i]*blend[i][j];
       z=z+xsm[i]*blend[i][j];
    }
    lineto(x,y,z);
    }
    for(i=0;i<3;i++)                    /*  推进下一个样本点  */
    {  xsm[i]=xsm[i+1];
       ysm[i]=ysm[i+1];
       zsm[i]=zsm[i+1];
    }
    xsm[3]=xa[m];
    ysm[3]=ya[m];
    zsm[3]=za[m];
 }
 for(j=0;j<l_section;j++)      /*画曲线的最后一个曲线段 k-1~k 点*/
 {x=y=z=0;
  for(i=0;i<4;i++)
```

```
    {   x=x+smx[i] * l_blend[i][j];
        y=y+smx[i] * l_blend[i][j];
        z=z+smx[i] * l_blend[i][j];
    }
    lineto(x,y,z);
    }
    lineto(xsm[3], ysm[3], xsm[3]);
}
```

【实现提示】

上述算法中，blend、f_blend 和 l_blend 是 3 个二维数组，用于分别存储三次拉格朗日插值曲线的中间段、前段和后段的混合函数值。如果直接用公式(6.1)和(6.2)拟合拉格朗日插值曲线，即是对于所给予的 $k+1$ 个控制点，将用 k 次多项式来拟合曲线，可以设计 $k+1$ 个二维数组来存储各混合函数。

【基本要求】

学习、理解上述三次拉格朗日插值曲线算法，并予以实现。

【提高要求】

请直接用公式(6.1)和(6.2)拟合由 $k+1$ 个控制点确定的 k 次拉格朗日插值曲线。

6.2 三次样条曲线

【内容】

一条三次参数曲线是把 x,y,z 分别表示成某个参数 t 的三次多项式。为了不失一般性，可令 0≤t≤1。因此：

$$\left.\begin{aligned} x(t) &= a_x t^3 + b_x t^2 + c_x t + d_x \\ y(t) &= a_y t^3 + b_y t^2 + c_y t + d_y \\ z(t) &= a_z t^3 + b_z t^2 + c_z t + d_z \end{aligned}\right\} \qquad 0 \leqslant t \leqslant 1$$

用矢量形式表示成：

$$p(t) = at^3 + bt^2 + ct + d, \quad 0 \leqslant t \leqslant 1 \tag{6.4}$$

现在的目的是对给定的一组控制点 $Q_0, Q_1, \cdots, Q_n$，找出 n 段如式(6.4)形式的三次曲线拼合而成，且通过这些控制点的一条三次曲线，该曲线上的任一点有直到二阶导数的连续性。下面说明求出 n 组如式(6.4)所示的方程系数：

设 Q_{i-1} 至 Q_i 之间的三次曲线段为 $P_i(t)$，则在 Q_{i-1} 和 Q_i 处，

$$\begin{aligned} P_i(0) &= Q_{i-1}, \frac{dP_i(t)}{dt}\bigg|_{t=0} = Q'_{i-1} \\ P_i(1) &= Q_i, \frac{dP_i(t)}{dt}\bigg|_{t=1} = Q'_i \end{aligned} \tag{6.5}$$

由式(6.4)和式(6.5)可得到如下关系：

$$\begin{cases} P_i(0) = d_i = Q_{i-1} \\ \dfrac{dP_i}{dt}\Big|_{t=0} = c_i = Q'_{i-1} \\ P_i(1) = a_i + b_i + c_i + d_i = Q_i \\ \dfrac{dP_i}{dt}\Big|_{t=1} = 3a_i + 2b_i + c_i = Q'_i \end{cases}$$

解上面联立方程组得：

$$\begin{cases} a_i = Q'_i + Q'_{i-1} - 2(Q_i - Q_{i-1}) \\ b_i = -Q'_i - 2Q'_{i-1} + 3(Q_i - Q_{i-1}) \\ c_i = Q'_{i-1} \\ d_i = Q_{i-1} \end{cases} \tag{6.6}$$

将所得系数代入式(6.4)得：

$$P_i(t) = [Q'_i + Q'_{i-1} - 2(Q_i - Q_{i-1})]t^3 + [-Q'_i - 2Q'_{i-1} + 3(Q_i - Q_{i-1})]t^2 + Q'_{i-1}t + Q_{i-1}, \quad 0 \leqslant t \leqslant 1$$

$$P_{i+1}(t) = [Q'_{i+1} + Q'_i - 2(Q_{i+1} - Q_i)]t^3 + [-Q'_{i+1} - 2Q'_i + 3(Q_{i+1} - Q_i)]t^2 + Q'_i t + Q_i, \quad 0 \leqslant t \leqslant 1$$

根据三次样条曲线在任一点都有直到二阶导数的连续性可知，在点 Q_i 处的二阶导数是连续的，故有：

$$P''_i(1) = P''_{i+1}(0)$$

其中

$$P''_i(1) = 6[Q'_i + Q'_{i-1} - 2(Q_i - Q_{i-1})] + 2[-Q'_i - 2Q'_{i-1} + 3(Q_i - Q_{i-1})] = 2(2Q'_i + Q'_{i-1}) - 6(Q_i - Q_{i-1})$$

$$P''_{i+1}(0) = 2[-Q'_{i+1} - 2Q'_i + 3(Q_{i+1} - Q_i)]$$

即得：

$$2(2Q'_i + Q'_{i-1}) - 6(Q_i - Q_{i-1}) = 2[-Q'_{i+1} - 2Q'_i + 3(Q_{i+1} - Q_i)]$$

整理得方程：

$$Q'_{i+1} + 4Q'_i + Q'_{i-1} = 3(Q_{i+1} - Q_{i-1})$$

上式方程中，i 可为所有控制点的任一点，故可得 $n-1$ 个这样的方程，联立这些方程，并用矩阵表示可得下式：

$$\begin{bmatrix} 1 & 4 & 1 & 0 & 0 & \cdots & 0 & 0 & 0 \\ 0 & 1 & 4 & 1 & 0 & \cdots & 0 & 0 & 0 \\ 0 & 0 & 1 & 4 & 1 & \cdots & 0 & 0 & 0 \\ \cdots & \cdots & \cdots & \cdots & \cdots & \cdots & \cdots & \cdots & \cdots \\ 0 & 0 & 0 & 0 & 0 & \cdots & 1 & 4 & 1 \end{bmatrix} \cdot \begin{bmatrix} Q'_0 \\ Q'_1 \\ Q'_2 \\ \cdots \\ Q'_n \end{bmatrix} = 3 \begin{bmatrix} Q_2 - Q_0 \\ Q_3 - Q_1 \\ Q_4 - Q_2 \\ \cdots \\ Q_n - Q_{n-2} \end{bmatrix} \tag{6.7}$$

方程(6.7)左边有 $n+1$ 个未知量，但只有 $n-1$ 个方程，必须再有两个约束条件才能确定这个方程组。通常可指定两端点 Q_0 和 Q_n 的切线向量 Q'_0 和 Q'_n 为已知，则式(6.7)可重新排列成下面形式：

$$\begin{bmatrix} 4 & 1 & 0 & 0 & 0 & 0 & \cdots & 0 & 0 \\ 1 & 4 & 1 & 0 & 0 & 0 & \cdots & 0 & 0 \\ 0 & 1 & 4 & 1 & 0 & 0 & \cdots & 0 & 0 \\ \cdots & \cdots & \cdots & \cdots & \cdots & \cdots & \cdots & \cdots & \cdots \\ 0 & 0 & 0 & 0 & 0 & 0 & \cdots & 1 & 4 \end{bmatrix} \cdot \begin{bmatrix} Q'_1 \\ Q'_2 \\ Q'_3 \\ \cdots \\ Q'_{n-1} \end{bmatrix} = \begin{bmatrix} 3Q_2 - 3Q_0 - Q'_0 \\ 3Q_3 - 3Q_1 \\ 3Q_4 - 3Q_2 \\ \cdots \\ 3Q_n - 3Q_{n-2} - Q'_n \end{bmatrix} \tag{6.8}$$

利用追赶法可很方便地求出式(6.8)中的切线向量 $Q'_1, Q'_2, \cdots, Q'_{n-1}$。其追赶计算公式是:

$$\beta_i = -\frac{1}{4+\beta_{i-1}} \quad \alpha_i = (\alpha_{i-1} - \gamma_i) * \beta_i \quad (i = 1, 2, \cdots, n) \tag{6.9}$$

其中 $\alpha_0 = 0, \beta_0 = 0, \gamma_i$ 为式(6.8)等式右边列矩阵的各系数。

追赶过程:

$$Q'_i = \alpha_i + \beta_i \cdot Q'_{i+1} \qquad (i = n-1, \cdots, 2, 1) \tag{6.10}$$

其中 $Q'_n = \alpha_n$ 。

求出切线向量 $Q'_1, Q'_2, \cdots, Q'_{n-1}$ 后,分别将它们代入式(6.6)以求出各曲线段的三次多项式系数。

【算法思想】

实现三次样条的算法步骤:

①输入控制点坐标 $Q'_1, Q'_2, \cdots, Q'_n$;

②输入 Q'_0, Q'_n;

③用式(6.9)和式(6.8)的等式右边矩阵计算 $\alpha_i, \beta_i, \gamma_i$;

④用式(6.8)求 Q'_i;

⑤$i=1$;

⑥如果 $i<n$ 则:

```
{  用式(6.6)求第 i 个曲线段的三次多项式系数 ai,bi,ci,di;
   j=1;
   如果 j≤max 则           /* max 为每个曲线段中要插入的点数   */
   {  t=j/max;
      P(t)=ai t³ + bi t² + ci t + di
      j=j+1;
   }
   i=i+1;
}
```

算法结束。

【实现提示】

以上算法中各量的求解,均是指对矢量的求解,其中包括坐标点 Q_i,切线向量 Q'_i,$\alpha_i, \beta_i, \gamma_i$ 三次多项式系数 a_i, b_i, c_i, d_i 以及曲线上的各点 $P_i(t)$ 。编程序的时候要注意。

【基本要求】

学习、理解三次样条曲线算法并予以实现。

【思考题】

对于本书介绍的一个 $n+1$ 个控制点的三次样条曲线，实质是由几个三次多项式组成，每个曲线段的参数 t 的取值范围是什么？

6.3 Bezier 曲线

6.3.1 Bezier 曲线的定义及算法

【内容】

和拉格朗日插值曲线以及三次样条曲线不同的是，Bezier 曲线和后面介绍的 B 样条曲线并不通过给定的控制点，而只是利用这些控制点的改变来达到曲线形状的变化。

Bezier 曲线是由给定的 $n+1$ 个控制点 Q_i 来定义，其形式为：

$$P(t)=\sum_{i=0}^{n}Q_iB_{i,n}(t),\ 0\leqslant t\leqslant 1 \tag{6.11}$$

其中 $B_{i,n}(t)$ 是一个混合函数：

$$B_{i,n}(t)=C(n,i)t^i\ (1-t)^{n-i}$$

而 $C(n,i)$是二次式系数：

$$C(n,i)=\frac{n!}{i!(n-i)!}$$

实际计算过程中，可将式(6.11)矢量方程分别写出其 3 个分量的表示式：

$$\left.\begin{aligned}x(t)&=\sum_{i=0}^{n}x_iB_{i,n}(t)\\y(t)&=\sum_{i=0}^{n}y_iB_{i,n}(t)\\z(t)&=\sum_{i=0}^{n}z_iB_{i,n}(t)\end{aligned}\right\} \tag{6.12}$$

$n=3$ 的 *Bezier* 多项式，是经常被使用的。这时，多项式将由 4 个控制点 P_0、P_1、P_2 和 P_3 的加权和组成。按式(6.11)和式(6.12)，这个加权函数(混合函数)组是：

$$B_{i,n}(t)=C(3,i)t^i(1-t)^{3-I}$$

展开就是：

$$B_{0,n}(t)=(1-t)^3=-t^3+3t^2-3t+1$$
$$B_{1,n}(t)=3t(1-t)^2=3t^3-6t^2+3t$$
$$B_{2,n}(t)=3t^2(1-t)=-3t^3+3t^2$$
$$B_{3,n}(t)=t^3$$

由于 Bezier 多项式对应的曲线是一整段的 n 次参数曲线，为了避免高次多项式运算，我们可把一段段的低次 Bezier 曲线在一定的连续性要求下连接起来，也就是以各一小段 Bezier 曲线拼成样条曲线。

假定以三次 Bezier 曲线为基础，我们可设法得到一阶连续性，因为 $n=3$ 时，Bezier 曲线在起点和终点的切向量分别为：

$$P'(0) = 3(P_1 - P_0)$$
$$P'(1) = 3(P_3 - P_2)$$

因此，为了使两个曲线段在邻接点有一阶连续性，只要前一段的最后一个控制点与后一段的第一个控制点重合，或记为：

$$P_{3,i-1} = P_{0,I}$$

同时还要求：$P_{2,i-1}$、$P_{3,i-1}$（即 $P_{0,i}$）与 $P_{1,i}$ 这三点共线，即：

$$(P_{3,i-1} - P_{2,i-1}) = C \cdot (P_{1,i} - P_{0,i})$$

其中 C 是常数，以保证它们在共同点有相同的切向。

【算法思想】

下面是用 Bezier 曲线原理实现曲线绘制的算法程序：

```
Bezier(float  * Q; int n, m)          /*   Q为存放控制点坐标的数组，
                                           n+1 个控制点，m 为曲线插值点数   */
{  int i, j;
   float t=0.0, temp, x, y, z;
   for(i=0; i < m; i++)
   {  x=y=z=0.0;
      for(j=0; j < n; j++)
      {  temp=B(j, n, t);          /*   B()为式(6.12)中的混合函数   */
         x=x+Q[j].[0] * temp;
         y=y+Q[j].[1] * temp;
         z=z+Q[j].[2] * temp;
      }
      if (i==0) moveto(x, y, z);
      else lineto(x, y, z);
      t=t+1.0/m;
   }
```

【实现提示】

上述算法中，B(j，n，t) 为式(6.12)中的混合函数，n+1 个控制点，即是 n 次多项式，j 表示第 j 个混合函数，t 是曲线上的参数值。B(j，n，t)函数按定义公式编写。

【基本要求】

学习、理解上述 Bezier 曲线的定义，并予以实现。

【提高要求】

用三次 Bezier 曲线实现曲线的绘制（要求 n>3）。

【思考题】

Bezier 曲线中，参数 t 的取值是在什么范围？各控制点的坐标对整个曲线有什么影响？

6.3.2 Bezier 曲线的几何作图法

【内容】

前面叙述了 Bezier 曲线的定义，我们可直接利用其定义实现曲线的拟合。由于多项式计

算的快慢会直接影响绘制相应曲线的速度。因此，这是个很重要的问题。下面介绍 Bezier 曲线的几何作图法，该法避免了多项式的计算。首先将 Bezier 多项式作一些变换：

$$
\begin{aligned}
P(t) &= \sum_{t=0}^{m} P_i \cdot C_m^i \cdot t^i \cdot (1-t)^{m-i} \\
&= P_0 \cdot C_m^0 \cdot t^0 \cdot (1-t)^{m-0} + \cdots + P_m \cdot C_m^m \cdot t^m \cdot (1-t)^{m-m} \\
&= P_0 \cdot (1-t)^m + \sum_{i=1}^{m-1} C_m^i \cdot P_i \cdot t^i \cdot (1-t)^{m-i} + P_m \cdot t^m \\
&= P_0 \cdot (1-t)^m + \sum_{i=1}^{m-1} (C_{m-1}^i + C_{m-1}^{i-1}) \cdot P_i \cdot t^i \cdot (1-t)^{m-i} + P_m \cdot t^m \\
&= P_0 \cdot (1-t)^m + \sum_{i=1}^{m-1} C_{m-1}^i \cdot P_i \cdot t^i \cdot (1-t)^{m-i} + \sum_{i=1}^{m-1} C_{m-1}^{i-1} \cdot P_i \cdot t^i \cdot \\
&\quad (1-t)^{m-i} + P_m \cdot t^m \\
&= (1-t)[P_0 \cdot (1-t)^{m-1} + \sum_{i=1}^{m-1} C_{m-1}^i \cdot P_i \cdot t^i \cdot (1-t)^{m-i-1}] + \\
&\quad t[\sum_{i=1}^{m-1} C_{m-1}^{i-1} \cdot P_i \cdot t^{i-1} \cdot (1-t)^{m-i} + P_m \cdot t^{m-1}] \\
&= (1-t)[\sum_{i=0}^{m-1} C_{m-1}^i \cdot P_i \cdot t^i \cdot (1-t)^{m-i-1}] + t[\sum_{i=0}^{m-1} C_{m-1}^{i-1} \cdot P_{i+1} \cdot t^i \cdot \\
&\quad (1-t)^{m-i-1}]
\end{aligned}
$$

若记 $P_{k,l}(t)$ 为由 $P_k, P_{k+1}, \cdots, P_l$ 作为控制点的 Bezier 多项式，那么上式可写为：

$$
\begin{aligned}
P_{0,m}(t) &= (1-t) \cdot P_{0,m-1}(t) + t \cdot P_{1,m}(t) \\
P_{0,m}(t) &= P_{0,m-1}(t) + t \cdot (P_{1,m}(t) - P_{0,m-1}(t))
\end{aligned}
\tag{6.13}
$$

由式(6.13)可知，要计算由 $P_0, P_1, \cdots, P_m$ 这 $m+1$ 个点为控制点的 *Bezier* 多项式在 t 时的值，可以先计算由 $P_0, P_1, \cdots, P_{m-1}$ 为控制点的在 t 时的值 $P_{0,m-1}(t)$ 及由 $P_1, P_2, \cdots, P_m$ 为控制点的在 t 时的值 $P_{1,m}(t)$，然后在这两个值所代表的点之间连一条直线段。在直线段上取一点，使它和 $P_{0,m-1}(t)$ 这一点的距离与该直线段长度之比为 t，该点对应的就是 $P(t)$。图 6.2 说明了这一过程，其中 $t = 1/2$。

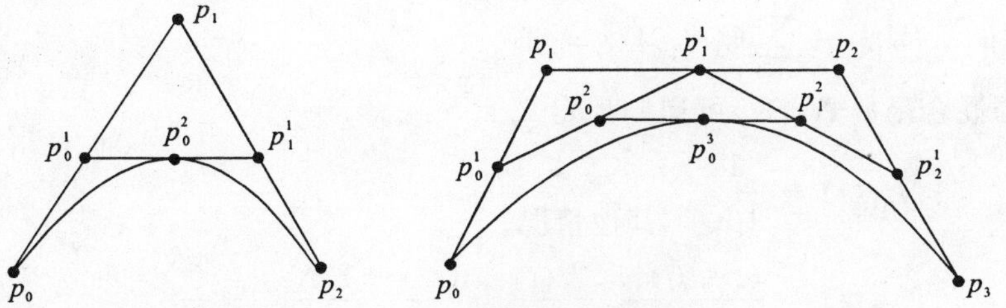

图 6.2 Bezier 曲线的几何作图法

【算法思想】

下面给出几何作图法的算法：

```
geometry(m,p,pt,dt)
float *p, *pt,dt; int m;
        /* p 存放 m+1 给定控制点的坐标，pt 存放结果，dt 是 t 的增量 */
```

```
    { int i,j,k,l,n;float *r,*q,t;
      l=0;
      for(t=0, t <=1; t=t + dt)
      { for(i=0; i <=m; i++)
          r[i]=p[i];             /* r存放上次运算的结果,此处为r置初值 */
          n=m;
          while(n > 0)
          { for(k=0; k < n; k++)
              q[k]=r[k]+t*(r[k+1]-r[k]);       /* q存放中间结果 */
              n=n-1;
              for(j=0; j <=n; j++)  r[j]=q[j];
          }
          pt[l]=r[0];              /* t处的值 */
          l=l + 1;
      }
    }
```

【基本要求】

学习、理解上述几何作图法,并予以实现。

6.4 B样条曲线

【内容】

前述的Bezier曲线可通过调整控制点的位置来改变,但调整一个控制点会影响整条曲线,这正是Bezier曲线的不足之处。20世纪70年代初研究出的B样条曲线是在Bezier曲线的基础上发展而来,且有更多的优势,表现在:生成的曲线与控制多边形的外形更接近;具有局部控制的特性;整体上有一定阶数的连续性。B样条的定义为:

$$P(t)=\sum_{i=0}^{n}Q_iN_{i,k}(t) \tag{6.14}$$

$k-1$阶的混合函数$N_{i,k}(t)$可递归地定义如下:

$$N_{i,1}(t)=\begin{cases}1, & t_i\leqslant t\leqslant t_{i+1}\\ 0, & \text{其他情况}\end{cases}$$

$$N_{i,k}(t)=\frac{(t-t_i)N_{i,k-1}(t)}{t_{i+k-1}-t_i}+\frac{(t_{i+k}-t)N_{i+1,k-1}(t)}{t_{i+k}-t_{i+1}} \tag{6.15}$$

B样条曲线与Bezier曲线的主要区别在于它们的混合函数的不同。其中n为控制点个数减1,k为控制曲线连续性的阶。图6.3是$n=5$,$k=3,4,5$的B样条曲线。

由定义可知,B样条曲线主要由控制点位置、参数k以及所给定的节点值$t_i(i=0,1,\cdots,n)$(又称为节点向量)来决定。其中节点向量有3种分类,从而产生不同的B样条曲线:均匀B样条曲线(uniform)、开放均匀B样条曲线(open uniform)和非均匀B样条曲线(nouniform)。

在图形软件包中,三次周期性B样条是使用最多的。在三次B样条中,$k=4$,每个混合函数在 4 个结点间起作用。根据 B 样条曲线的定义，其三次混合函数为：

$$B_{0,3}(t)=(1-t)^3/6,\quad 0\leqslant t\leqslant 1$$

$$B_{1,3}(t)=(3t^3-6t^2+4)/6$$

$$B_{2,3}(t)=(-3t^3+3t^2+3t+1)/6$$

$$B_{3,3}(t)=t^3/6$$

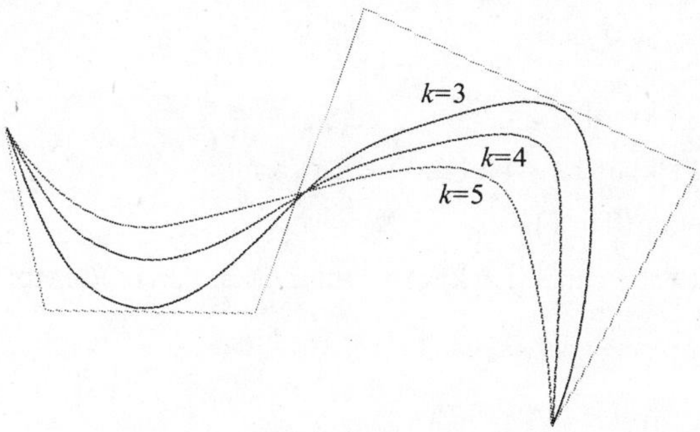

图 6.3　不同阶数的 B 样条曲线

【算法思想】

下面是 B 样条曲线的算法程序：其中控制点个数为 $n+1$ 个，控制点坐标 p，曲线上欲插入的点的个数为 m 个，所得曲线坐标存储在 x，y，z 中，结点向量 knot。函数 Nblend()求与第 i 个控制点对应的、k 次混合函数。这里，设计 knot[0]＝0，knot[$n+k$]＝1，则其他结点向量的值为＞0 和＜1 的数。也就是 t 的取值在 0～1 之间。

```
void B_Spline(int n; int k; float * p; int m; float  * x,  * y,  * z; float  * knot)
{  int i; float b; float t=0.0;
   knot=new float[n+k];
   for (i=0; i<n+k; i++)        /* 求结点向量 knot */
     knot[i]=float(i)/(n+k);
   for(j=0; j<=m; j++)
     {  x[j]=y[j]=z[j]=0;
        for(i=0; i<=n; i++)
        {  b=Nblend(i, k, t, knot);
           x[j]=x[j]+p[i][0] * b;
           y[j]=y[j]+p[i][1] * b;
           z[j]=y[j]+p[i][2] * b;
        }
        if(j=0) moveto(p[0][0],p[0][1],p[0][2]);
        else lineto(x[j],y[j],z[j]);
        t=t+0.1/m;
     }
}
```

```
float Nblend (int i; int k; float t; int  * knot)
int temt; float v;
If (k==1)
{   v=0;
    if((knot[i]<=t)&(t<knot[i+1])) v=1; }
else
{   v=0;
    temp=knot[i+k-1]-knot[i];
    if(temp<>0)v=(t-knot[i]) * Nblend(i,k-1,t)/temp;
    temp=knot[i+k]-knot[i+1];
      if(temp<>0)v=v+(knot[i+k]-t) * Nblend(i+1,k-1,t)/temp; }
      Nblend=v;
}
```

【实现提示】

如果要实现任意定义的结点向量的 B 样条曲线，除了结点向量数组外，还要设计一个存储结点向量的重复度的数组与之对应。

【基本要求】

学习、理解 B 样条曲线的定义，并予以实现。

【提高要求】

在上述的算法思想中，设计的结点向量是均匀 B 样条曲线，且结点向量的值在 0～1 之间。现要求设计 B 样条曲线算法，结点向量可以是任意定义的（包括开放均匀 B 样条曲线和非均匀 B 样条曲线）。

【思考题】

三次 Bezier 曲线与三次 B 样条曲线最大的区别是什么？当控制点个数大于 4 时，在算法实现上有什么不同？

6.5　实　例

下面是绘制 Bezier 曲线的实例。

（1）新建一个单文档 MFC 工程，工程名为“DrawBezier”，如图 6.4 和图 6.5 所示。

（2）添加菜单资源，如图 6.6 所示，其“Caption”和“ID”如表 6.1 所示。

表 6.1　菜单 Caption 和 ID

菜单 Caption	菜单 ID
设置参数	ID_SetParam
直接计算法	ID_Bezier_Normal
几何作图法	ID_Bezier_Geometry

（3）为菜单添加相应的消息处理函数，如表 6.2 所示。

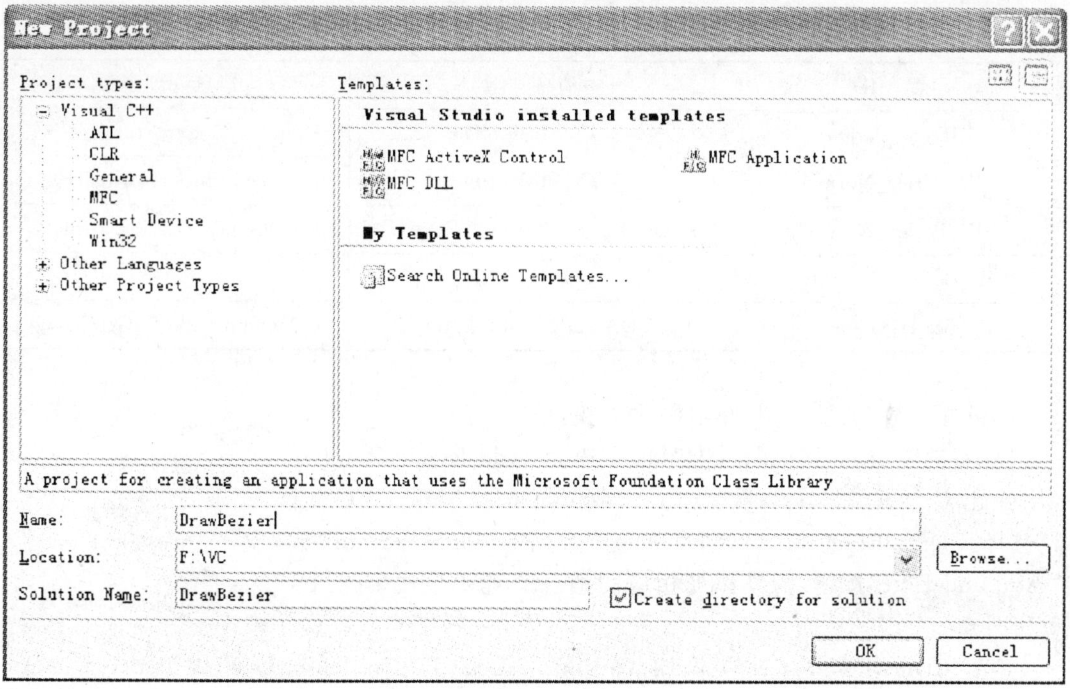

图 6.4　输入工程名 DrawBezier

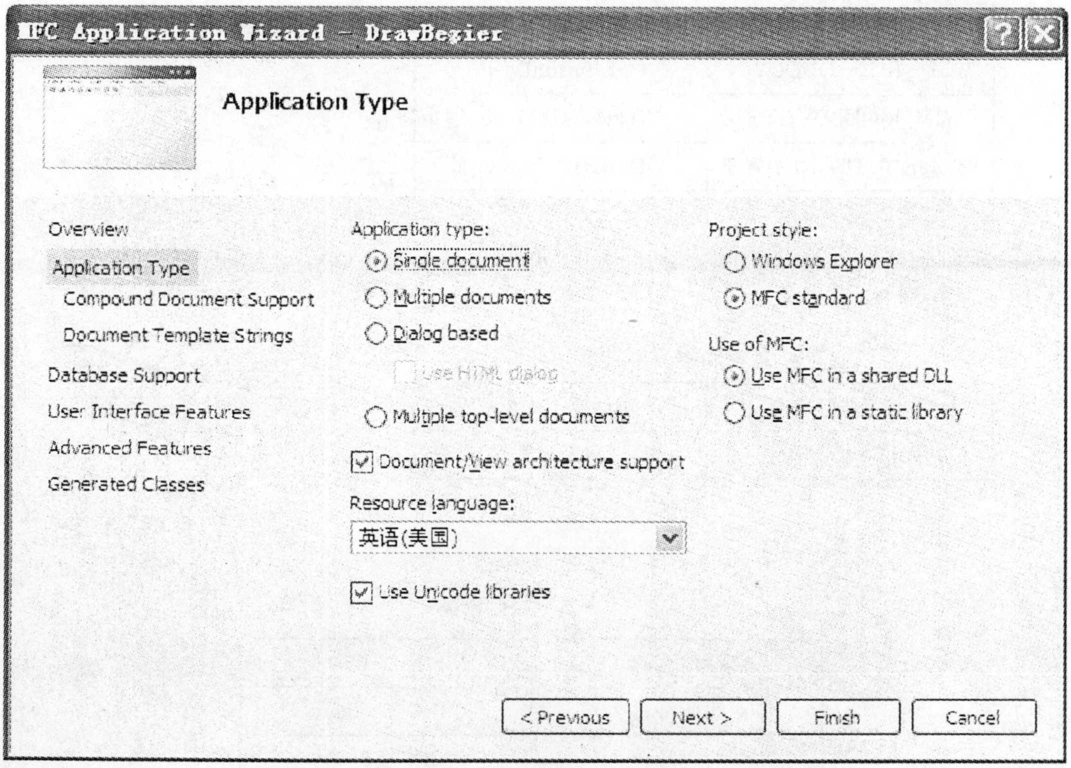

图 6.5　选择应用程序类型为单文档 MFC 工程

表 6.2　菜单对应的消息处理函数

菜单 ID	消息类型	消息处理函数
ID_SetParam	COMMAND	OnSetparam
ID_Bezier_Normal	COMMAND	OnBezierNormal
ID_Bezier_Normal	UPDATE_COMMAND_UI	OnUpdateBezierNormal
ID_Bezier_Geometry	COMMAND	OnBezierGeometry
ID_Bezier_Geometry	UPDATE_COMMAND_UI	OnUpdateBezierGeometry

以“设置参数”菜单为例，介绍操作步骤：

鼠标右键菜单，在弹出的右键菜单中选择“Add Event Handler…”。弹出对话框，“Message type”选择“COMMAND”，“Class list”选择“CDrawBezierView”，消息处理函数名为“OnSetparam”单击“Add and Edit”按钮，为其添加相应的消息处理函数代码，见图 6.7 和图 6.8。

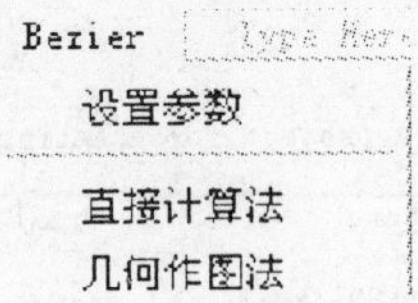

图 6.6　菜单设计

(4)为“CDrawBezierView”类添加“OnLButtonDown”、“OnMouseMove”和“OnRButtonDown”消息处理函数，如表 6.3 所示。

表 6.3　CDrawBezierView 类的消息名称和处理函数

消息名称	消息处理函数
WM_LBUTTONDOWN	OnLButtonDown
WM_MOUSEMOVE	OnMouseMove
WM_RBUTTONDOWN	OnRButtonDown

(5)添加对话框资源，页面布局如图 6.9 所示。

1)对话框设置，见表 6.4。

表 6.4　参数设置对话框

对话框 ID	对话框 Caption
IDD_SetParam	设置参数

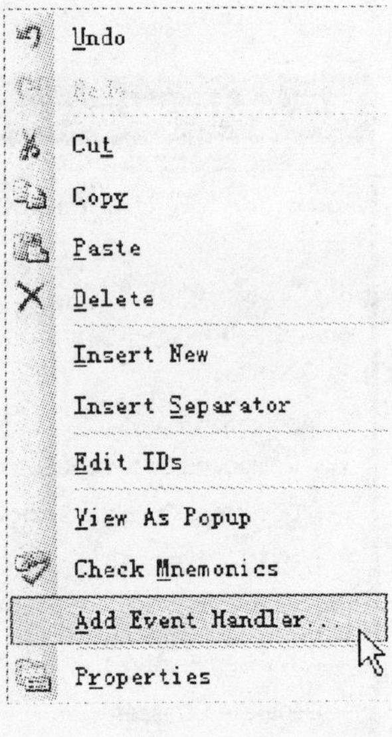

图 6.7　右键菜单弹出窗口

2)控件设置，见表 6.5。

表 6.5　控件设置

控件名称	控件 ID
曲线所分段数	IDC_Section
曲线颜色	IDC_Color
颜色…	ID_SetColor

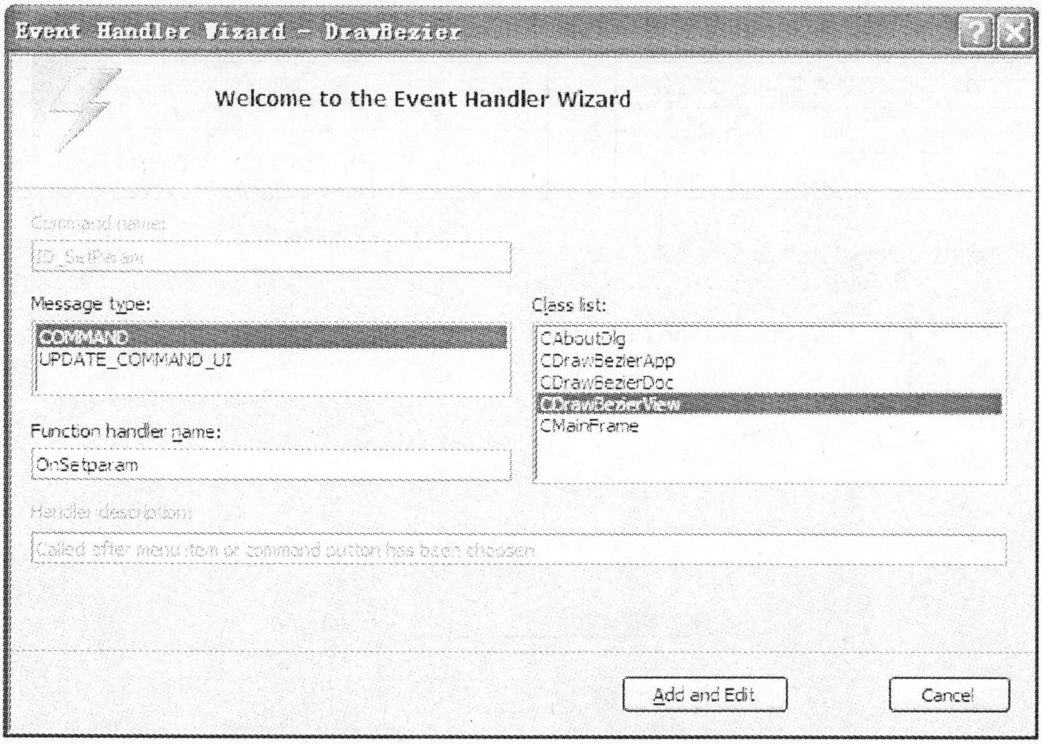

图 6.8　选择消息处理函数

(6)为对话框添加相应的类“SetParamDlg”，并为控件添加相应的变量和函数，如表 6.6 和表 6.7 所示。

具体操作如下：

1)鼠标右键单击对话框，在弹出的右键菜单中选择“Add Class...”弹出对话框，“Class name”设置为“SetParamDlg”，如图 6.10 所示。

2)鼠标右键单击编辑框 IDC_Section，在弹出的右键菜单中选择“Add Variable...”弹出对话框，“Category”设置为“Value”，“Variable type”设置为“int”，“Variable name”设置为“m_nSection”，如图 6.11 所示。同样，为“IDC_Color”添加对应的变量“m_nColor”。

图 6.9　设置参数对话框

3)双击“ID_SetColor”按钮，为其添加消息处理函数“OnBnClickedSetcolor”，并添加如下代码。

```
void SetParamDlg::OnBnClickedSetcolor()
{
    // TODO: Add your control notification handler code here
    CColorDialog dlg;
    if (dlg.DoModal())
    {
```

表 6.6　控件变量

ID	变量类型	变量名
IDC_Section	int	m_nSection
IDC_Color	int	m_nColor

表 6.7　控件消息处理函数

ID	消息类型	消息处理函数
ID_SetColor	BN_CLICKED	OnBnClickedSetcolor

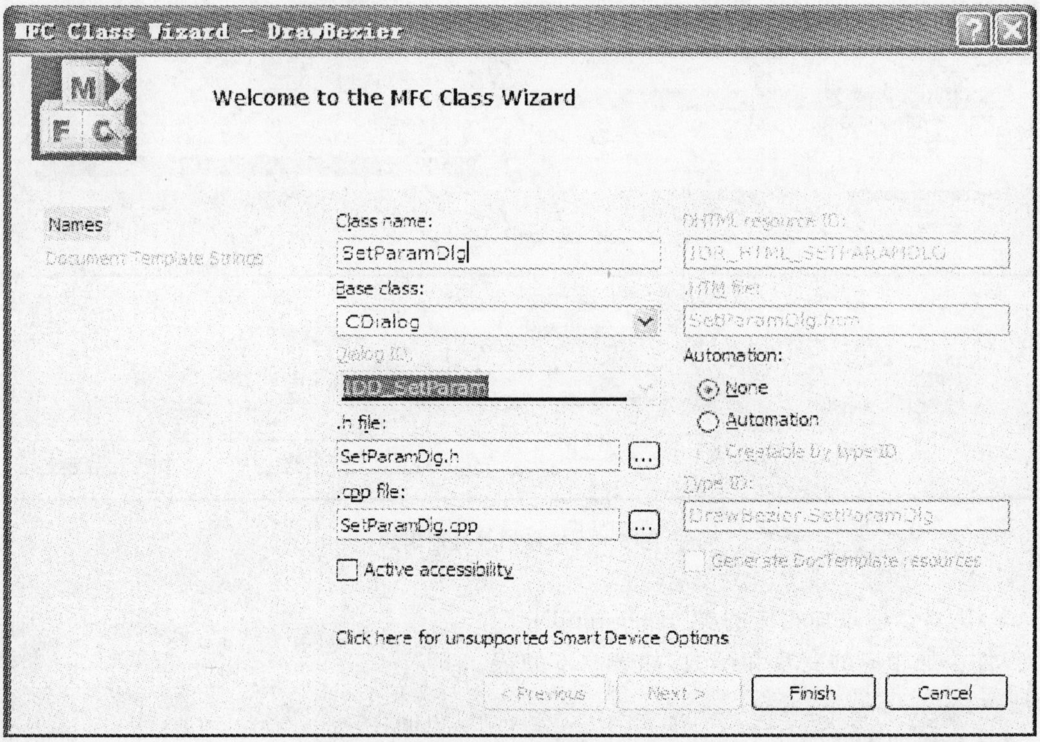

图 6.10　添加参数设置对话框的类

```
    this->m_nColor=dlg.GetColor();//获取颜色
        UpdateData(FALSE);//更新编辑框值
    }
}
```

(7)添加算法类 MyMath,用以实现 Bezier 的两个核心算法。具体操作如下:选择菜单"Project->Add Class",弹出对话框,选择"C++Class",类名设置为"MyMath",如图 6.12 和图 6.13 所示。

具体代码如下:

```
// MyMath.h: interface for the MyMath class.
# pragma once
# define SECTION 500     //默认分段数
# define DEFAULT_COLOR RGB(0,0,0) //默认颜色(灰色)
class MyMath
```

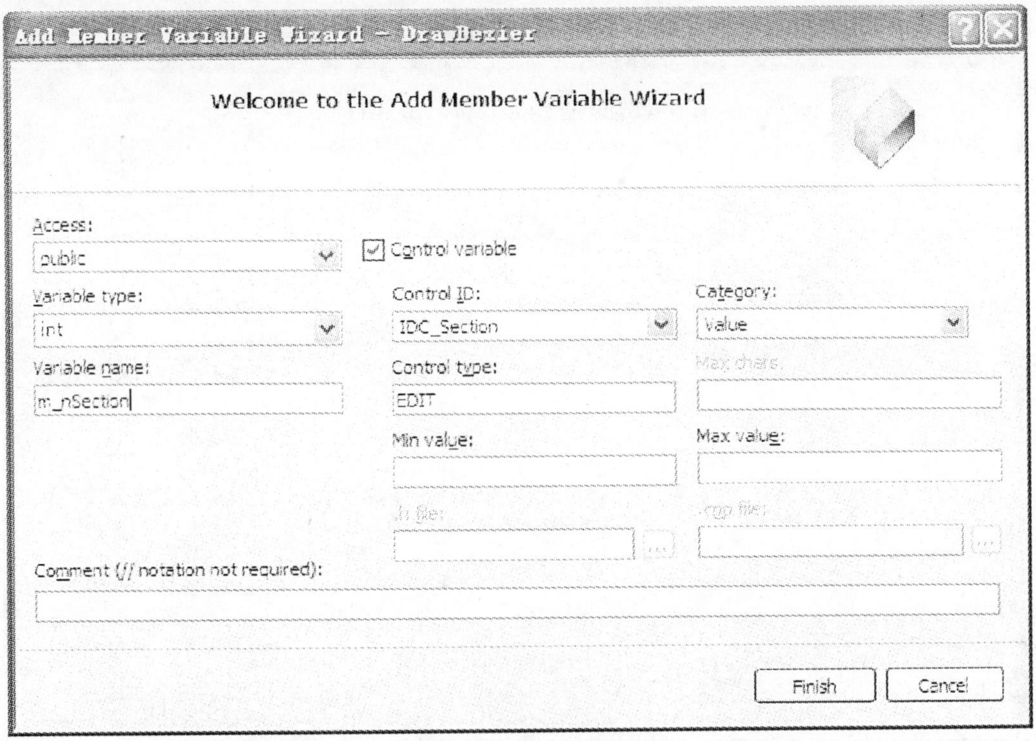

图 6.11 添加类的变量

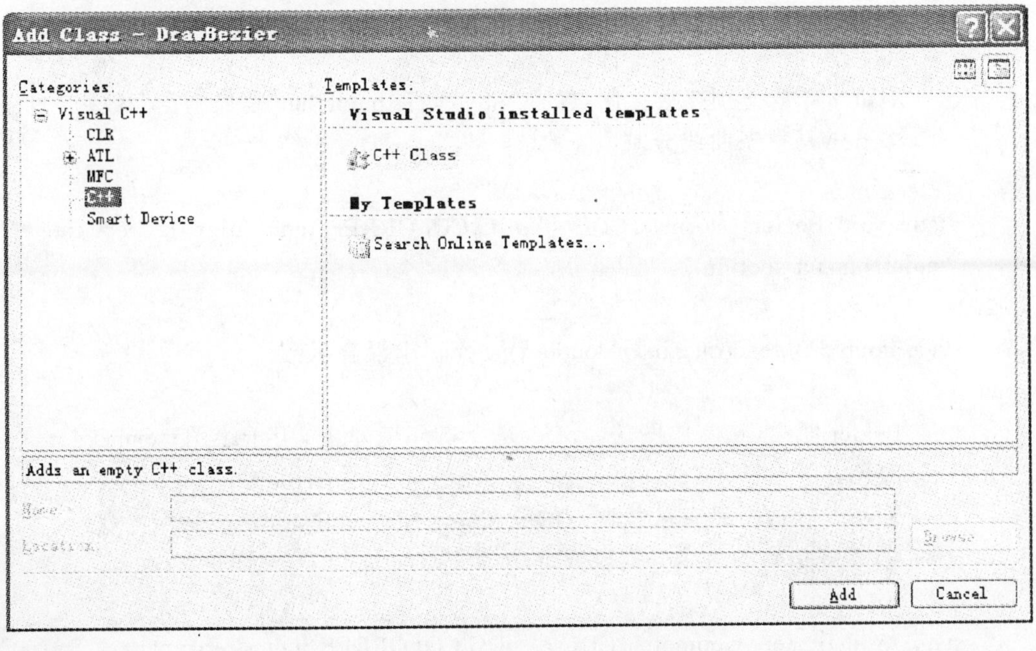

图 6.12 添加 C++类

```
{
public:
    /*  Bezier 曲线:直接计算法。pDC 是设备环境对象,用于绘图;tempColor 是曲线
```

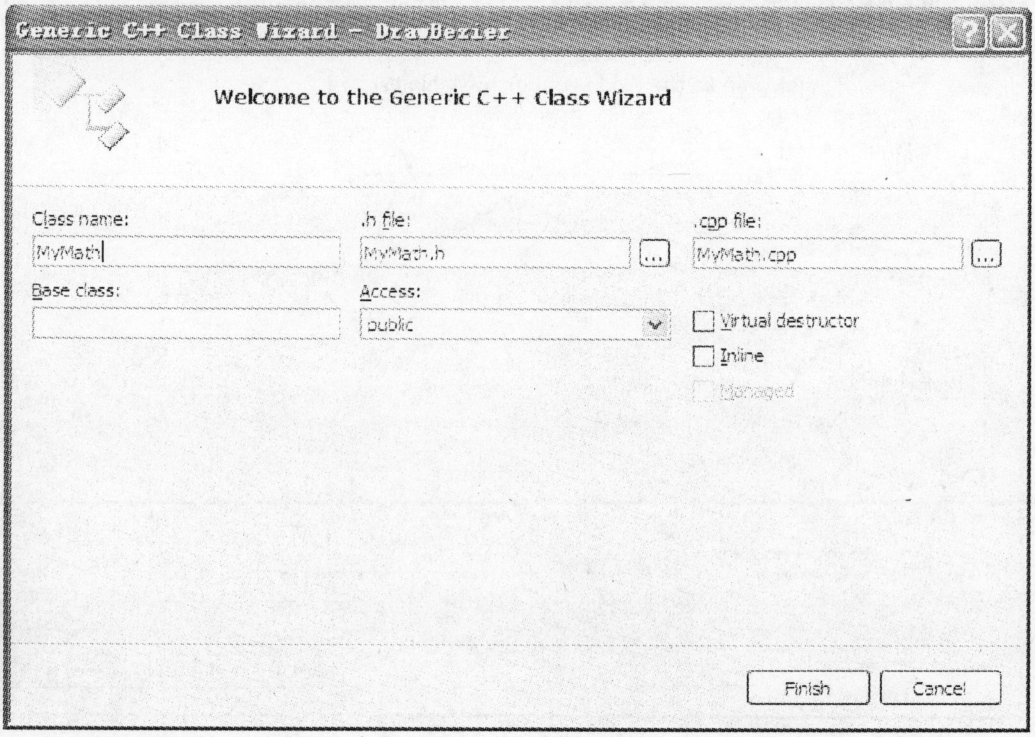

图 6.13　类名设置

```
        颜色;
        X和Y存放分别存放控制点的x和y坐标;pointNum是控制点个数;
        section是整条曲线分割段s数
    */
    static void Bezier_Normal(CDC * pDC,COLORREF tempColor,int * X,int * Y,int
      pointNum,int section);
private:
    static double Bblend(int i,int n,double t);  //  求混合函数
public:
    /*  Bezier曲线:几何作图法。pDC是设备环境对象,用于绘图;tempColor是曲线
        颜色;
        X和Y存放分别存放控制点的x和y坐标;pointNum是控制点个数;
        section是整条曲线分割段数
    */
    static void Bezier_Geometry(CDC * pDC,COLORREF tempColor,int * X,int * Y,int
    pointNum,int section);
};
// MyMath.cpp: implementation of the MyMath class.
# include"stdafx.h"
```

```
# include"MyMath.h"
# include<cmath>
double MyMath::Bblend(int i,int n,double t)
{  /* Bezier 曲线 p(t)=sum(Qi * B(i,n,t))   B(i,n,t)=C(n,i) * t^i * (1-t) * (n-i) * /
   double c=1.0;
   int j;
   for (j=n;j>=i+1;j--)  c *=j;
   for (j=n-i;j>=2;j--)  c/=j;
   double result=c * powf(t,i) * powf(1-t,n-i);
   return result;
}
/* Bezier 曲线:直接计算法  */
void MyMath::Bezier_Normal(CDC * pDC,COLORREF tempColor,int * X,int * Y,int point-
Num, int section)
{  if(pointNum<3)  return;  //  至少 3 个点
   int n=pointNum-1;
   int i,j;
   double t=0.0,temp;
   double dt=1/(double)section;
   double x,y;
   CPen newPen(PS_SOLID,1,tempColor);  //  创建新画笔
   CPen * pOldPen=pDC->SelectObject(&newPen);  //  保存旧画笔
   pDC->MoveTo(X[0],Y[0]);  //  第一个点
   for (j=0;j<section;j++)
   {  t+=dt;  //  t=j/(double)section;
      x=y=0.0;
      for (i=0;i<=n;i++)
      {  temp=Bblend(i,n,t);
         x+=X[i] * temp;
         y+=Y[i] * temp;
      }
      pDC->LineTo(x,y);
   }
   pDC->LineTo(X[n],Y[n]);  //  最后一个点
   pDC->SelectObject(pOldPen);  //  恢复旧画笔
}
/*  Bezier 曲线:几何作图法  */
void MyMath::Bezier_Geometry(CDC * pDC,COLORREF tempColor,int * X,int * Y,int
   pointNum,int section)
```

```
{   if(pointNum<3) return;   //   至少 3 个点
    int n=pointNum-1;
    double *rx=new double[pointNum];
    double *ry=new double[pointNum];
    int i,j,m;
    double t=0.0;
    double dt=1/(double)section;
    CPen newPen(PS_SOLID,1,tempColor);   //   创建新画笔
    CPen *pOldPen=pDC->SelectObject(&newPen);   //   保存旧画笔
    pDC->MoveTo(X[0],Y[0]);   //   第一个点
    for (j=0;j<section;j++)
    {     t+=dt;   //   t=j/(double)section;
          for (i=0;i<=n;i++)
          {     rx[i]=X[i];      // r[0,1...n]
                ry[i]=Y[i];
          }
          m=n;
          while (m>0)
          {  for (i=0;i<m;i++)
             {  rx[i]=rx[i]+t*(rx[i+1]-rx[i]);
                ry[i]=ry[i]+t*(ry[i+1]-ry[i]);
             }
             m--;
          }
     //   退出 while 循环 r[0]就是 t 所对应的点
      pDC->LineTo(rx[0],ry[0]);
    }
    delete [ ]ry;
    delete [ ]rx;
    pDC->SelectObject(pOldPen);   //   恢复旧画笔
}
```

(8)添加 Bezier 类,具体代码如下。

```
# pragma once
# include<vector>
using namespace std;
# include "MyMath.h"   //   包含头文件
class Bezier
{
public:
```

```
    Bezier();
    ~ Bezier();
    void SetSection(int nSection);  //  设置分段参数
    void SetColor(COLORREF color);  //  设置曲线颜色
    void AppendPoint(CPoint point);  //  添加一个控制点
    void UpdateLastPoint(CPoint point);  //  修改最后一个点
    void ClearAllPoints();  //  清空所有控制点
public:
    //  绘制曲线 bIsNormal=true 直接计算法,false 几何作图法
    void Draw(CDC * pDC,bool bIsNormal);
    //  绘制曲线的单个控制点
    void DrawPoint(CDC * pDC,int x,int y,int size,COLORREF color);
private:
    vector<CPoint> vPoint;  //  存放控制点
    int m_nSection;  //  分段参数
    COLORREF m_nColor;  //  曲线颜色
};
// Bezier.cpp: implementation of the Bezier class.
# include "stdafx.h"
# include "Bezier.h"
Bezier::Bezier()
{  m_nSection=SECTION;  //  设置默认分段参数
   m_nColor=DEFAULT_COLOR;  //  设置默认颜色为黑色
}
Bezier::~Bezier()
{
}
void Bezier::SetSection(int nSection)
{     this->m_nSection=nSection;
}
void Bezier::SetColor(COLORREF color)
{     this->m_nColor=color;
}

v oid Bezier::AppendPoint(CPoint point)
{     vPoint.push_back(point);
}
void Bezier::UpdateLastPoint(CPoint point)
{  int pointNum=vPoint.size();
```

```
    vPoint[pointNum-1].x=point.x;
    vPoint[pointNum-1].y=point.y;
}
void Bezier::ClearAllPoints()
{   vPoint.clear();
}
void Bezier::Draw(CDC * pDC,bool bIsNormal)
{   int pointNum=vPoint.size();
    if(pointNum<3) return; //  至少 3 个点
    int * X=new int[pointNum];
    int * Y=new int[pointNum];
    for (int i=0;i<pointNum;i++) //  控制点
    {   X[i]=vPoint[i].x;
        Y[i]=vPoint[i].y;
    }
    //  绘制曲线
    if (bIsNormal) //  直接计算法
        MyMath::Bezier_Normal(pDC,this->m_nColor,X,Y,pointNum,this->m_nSection);
    else //  几何作图法
        MyMath::Bezier_Geometry(pDC,this->m_nColor,X,Y,pointNum,this->m_nSection);
    delete []Y;
    delete []X;
}
void Bezier::DrawPoint(CDC * pDC,int x,int y,int size,COLORREF color)
{   CBrush newBrush(color); //  画线前创建一支画笔
    CBrush * pOldBrush=pDC->SelectObject(&newBrush); //  将画笔选入设备环境，同时保存旧画笔
    pDC->Ellipse(x-size,y-size,x+size,y+size);
    pDC->SelectObject(pOldBrush); //  绘图完毕后恢复原有环境
}
```

(9)在 CDrawBezierView. h 中添加代码如下。

```
#include "Bezier. h"
class CDrawBezierView : public CView
{
public:
     void Init()
     {  //  参数初始化
        m_nSection=SECTION; //  设置默认分段数
        m_nColor=DEFAULT_COLOR; //  设置默认颜色
```

```
        m_bIsNormal＝false；
        m_bIsGeometry＝false；
        m_nStep＝0；
        m_nEndY＝0；
    }
    void ReturnNormal()
    {  // 恢复绘图控制参数
        m_nStep＝0；
        m_nEndY＝0；
    }
private：
    Bezier m_Bezier；  // Bezier 对象
    int m_nSection；  // 曲线分段参数
    COLORREF m_nColor；  // 曲线颜色
    bool m_bIsNormal；  // true 直接计算法(默认 false)
    bool m_bIsGeometry；  // true 几何作图法(默认 false)
    // 绘图控制参数
    int m_nStep；  // 记录操作步数
    int m_nEndY；  // 记录终点 y 坐标(默认为:在 MouseMove 中使用)
}
```

(10)在 CDrawBezierView. cpp 中添加代码。

1)添加头文件。

```
# include "SetParamDlg.h"  // 包含头文件
```

2)初始化参数。

```
CDrawBezierView::CDrawBezierView()
{ Init(); // 参数初始化
}
```

3)添加菜单对应的消息处理函数。

```
void CDrawBezierView::OnSetparam()
{ // 设置分段参数
  SetParamDlg dlg;
  dlg.m_nSection＝m_nSection; // 设置对话框默认参数
  dlg.m_nColor＝m_nColor; // 设置默认颜色
  if (dlg.DoModal())
  { m_nSection＝dlg.m_nSection; // 获取用户输入参数
    m_nColor＝dlg.m_nColor; // 获取用户输入颜色
    m_Bezier.SetSection(m_nSection); // 设置分段参数
    m_Bezier.SetColor(m_nColor); // 设置颜色
  }
```

```
}
void CDrawBezierView::OnBezierNormal()
{   m_bIsNormal=true;
    m_bIsGeometry=false;
    ReturnNormal();  //  恢复绘图控制参数
    Invalidate(TRUE);  //  重绘视图
}
void CDrawBezierView::OnUpdateBezierNormal(CCmdUI * pCmdUI)
{   pCmdUI->SetCheck(m_bIsNormal);  //  当点击菜单时,在该菜单前打钩
}
void CDrawBezierView::OnBezierGeometry()
{   m_bIsNormal=false;
    m_bIsGeometry=true;
    ReturnNormal();  //  恢复绘图控制参数
    Invalidate(TRUE);  //  重绘视图
}
void CDrawBezierView::OnUpdateBezierGeometry(CCmdUI * pCmdUI)
{   pCmdUI->SetCheck(m_bIsGeometry);  //  当点击菜单时,在该菜单前打钩
}
```

4)添加 OnLButtonDown、OnMouseMove 和 OnRButtonDown 消息处理函数。

```
void CDrawBezierView::OnLButtonDown(UINT nFlags, CPoint point)
{   CClientDC dc(this);  //  获取设备环境
    if(m_bIsNormal| | m_bIsGeometry)  //  画曲线
    {   if(m_nStep==0| | m_nStep==1)
        {   m_Bezier.DrawPoint(&dc,point.x,point.y,2,RGB(0,0,0));  //  绘制控制点
            m_nStep++;  //  操作步数加
            m_Bezier.AppendPoint(point);  //  添加控制点
        }
        else
        {   m_Bezier.DrawPoint(&dc,point.x,point.y,2,RGB(0,0,0));  //  绘制控制点
            m_nStep++;  //  操作步数加
            //  擦除原来的曲线
            dc.SetROP2(R2_NOTXORPEN);  //  设置线条模式 R2_NOTXORPEN/R2_NOT
            m_Bezier.Draw(&dc,m_bIsNormal);
            m_nEndY=0;  //  注意此处
        }
    }
    CView::OnLButtonDown(nFlags, point);
}
```

```
void CDrawBezierView::OnMouseMove(UINT nFlags, CPoint point)
{  CClientDC dc(this);  //  获取设备环境
   if(m_bIsNormal| | m_bIsGeometry)  //  画曲线
      {  if(m_nStep>=2)  //  当有个点时,拉出橡皮条
        {  if(m_nEndY==0) //  m_nEndY==0 就添加该控制点,否则修改该控制点
              坐标
             m_Bezier.AppendPoint(point);  //  添加该控制点
          dc.SetROP2(R2_NOTXORPEN);  //  设置线条模式 R2_NOTXORPEN/R2_NOT
          if(m_nEndY! =0)
          {  m_Bezier.Draw(&dc,m_bIsNormal);  //  擦出上一次的曲线
              m_Bezier.UpdateLastPoint(point);  //  修改该控制点
          }
          m_nEndY=point.y;  //  m_nEndY! =0
          m_Bezier.Draw(&dc,m_bIsNormal); //  绘制当前曲线
        }
     }
   CView::OnMouseMove(nFlags, point);
}
void CDrawBezierView::OnRButtonDown(UINT nFlags, CPoint point)
{  //  右键按下,结束曲线绘制
   if (m_bIsNormal| | m_bIsGeometry)
   {   CClientDC dc(this);  //  获取设备环境
       m_Bezier.Draw(&dc,m_bIsNormal);
       m_Bezier.ClearAllPoints();
       ReturnNormal();  //  恢复绘图控制参数
   }
   CView::OnRButtonDown(nFlags, point);
}
```

(11)按 Ctrl+F5 运行程序。

1)设置曲线分段数和颜色,设置颜色为红色,见图 6.14。

图 6.14 参数设置

2)使用“直接计算法”,交互式绘制曲线,如图 6.15 所示。

3)设置颜色为蓝色,见图 6.16。

4)使用“几何作图法”,交互式绘制曲线,如图 6.17 所示。

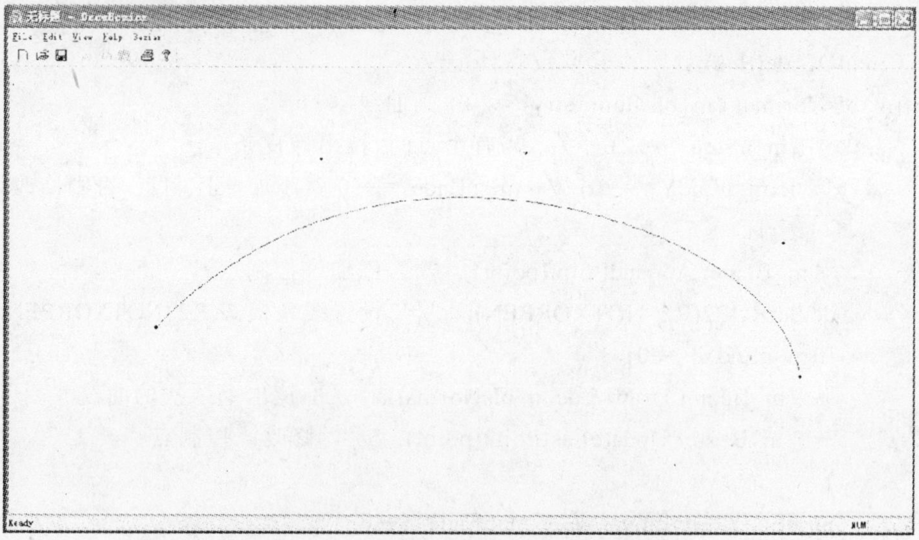

图 6.15　“直接计算法”绘制 Bezier 曲线

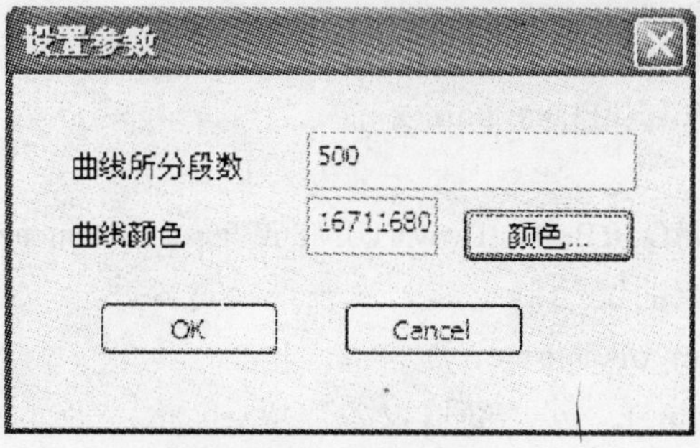

图 6.16　参数设置

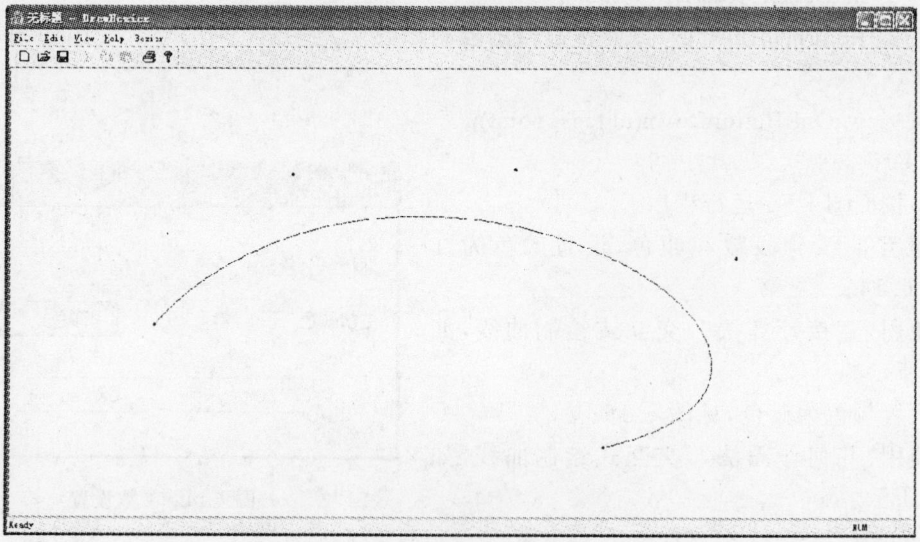

图 6.17　“几何作图法”绘制 Bezier 曲线

第七章　交互技术

7.1　约束、网格及引力场技术

7.1.1　约束

【内容】

约束就是在图形绘制过程中对图形的方向、对齐方式等进行规定和校准。可以有多种约束方式，最常用的约束是水平或垂直直线约束，该技术使得用户可以轻松地绘制水平和垂直线而不需担心线的末端坐标的精确范围；还可以使用另外的约束来对输入坐标进行各种对齐处理。直线可以约束成固定角度，比如 45°；输入坐标也可以约束到预定义的路径，比如在一个圆弧上。

【算法思想】

设计一个约束阀值 xy_limit，当我们需要绘制由点 p_1 到点 p_2 的直线时，首先计算两点间 X 方向上的增量 dx 和 Y 方向上的增量 dy，接着判断这两个值的大小，如果 $dx<dy$，则判断 dx 是否小于约束值 xy_limit，如果小于，则将 p2. x 设置为 p1. x，从而实现垂直约束该直线；如果 $dx<dy$ 条件不满足，则判断 dy 是否小于约束值 xy_limit，如果小于，则将 p2. y 设置为 p1. y，从而实现水平约束该直线。利用约束技术画直线的算法过程如下：

```
DrawLine (int xy_limit, CPoint p1, CPoint p2)
{ float dx, dy;
  dx=abs (p2.x-p1.x); dy=abs(p2.y-p1.y);
  if (dx<dy)
  {   if (dx<xy_limit) p2.x=p1.x;
  }
  else if (dy<xy_limit) p2.y=p1.y;
  Moveto (p1);
  Lineto (p2);
}
```

【基本要求】

要求实现在屏幕上用鼠标交互式画直线时，具有水平或垂直约束功能。

【提高要求】

要求实现在屏幕上用鼠标交互式画直线时，除了具有水平或垂直约束功能外，再增加 45°或 135°直线约束功能。

【思考题】

如果要实现 45°或 135°直线约束功能,如何判断直线是 45°走向还是 135°走向? 如何判断 p_1 点到 45°或 135°直线的距离?

7.1.2 网　格

【内容】

网格化是帮助绘制整齐、精确图形的一种技术。网格化一般用在用户坐标系统中,按从用户坐标系统的窗口到屏幕视口的变换映射到屏幕上去。网格一般是规则的,且覆盖整个显示区。应用程序将定位器坐标映射到最近的网格交叉点上去,从而使绘制的图形规整、精确。有时要从已有的某线段上的点或它的顶点开始绘制另一条线段或其他图形,直接使用定位设备来定位很难保证其重合性。吸附技术则可克服上述困难。采用这种技术,网格本身可以显示出来,也可不显示。

【算法思想】

设屏幕显示图形的区域,坐标系原点在屏幕的左上方,即原点坐标值为(0,0)。设网格大小为 nGridSize,用户在用鼠标画线或圆等图形时,需要在屏幕上定位,假设定位的点 $P(x,y)$ 在某个网格之内,就需要判断该点 p 离所在网格的 4 个顶点(或者说是网格的交叉点)中哪个最近,从而修正该点 p 的坐标为这 4 个点中离它最近的点的坐标。设该网格的 4 个顶点坐标从左上角点顺时针依次为 p_1,p_2,p_3,p_4,这 4 个顶点坐标就依次为:

```
p1.x=(p.x / nGridSize) * nGridSize;
p1.y=(p.y / nGridSize) * nGridSize;
p2.x=p1.x + nGridSize;
p2.y=p1.y;
p3.x=p2.x;
p3.y=p1.y + nGridSize;
p4.x=p1.x;
p4.y=p3.y;
```

判断点 p 离哪个点最近,并修正 p 点坐标用如下两个条件语句就可实现:

```
if ((p.x-p1.x) <=(p2.x-p.x))
   p.x=p1.x;
else p.x=p2.x;
if ((p.y-p1.y) <=(p4.y-p.y))
   p.y=p1.y;
else p.y=p4.y;
```

【基本要求】

设计实现一个坐标定位函数 GridPosition (),入口参数分别为鼠标定位的坐标 $P(x,y)$,和网格大小 nGridSize,画线或画圆等函数可以调用该函数,从而实现对鼠标定位坐标的调整。

7.1.3 引力场

【内容】

用户在绘图过程中常常需要连接新线到一条已画好的线上，但是，要在连接点上精确地定位屏幕坐标是比较困难的，这时候可采用一种所谓引力场的方法将靠近一条线的任意输入位置转换到该线上的一个坐标位置上，这一转换是通过在该线周围产生一个引力场来完成的。也就是说，该技术将线周围的部分设为引力场，使得引力场中任意位置都被吸引到直线上来。要注意的是引力场范围的大小应选择适当，既大到帮助用户方便、精确定位，又小到足以减少同其他线重叠的机会。通常，引力场的边界不用显示，用户只需直接选择那些可能靠近线的点就行了。

【算法思想】

判断一个点是否在一条直线的引力场范围之内，首先判断点到直线的距离是否小于引力场阀值 m_nGravityLimit，如果条件满足，就计算点到该线段的最近点坐标。

求点到直线段的最近点坐标过程：如果该线段平行于 X 轴或 Y 轴，则过点 point 作该线段所在直线的垂线，垂足很容易求得，然后计算出垂足，如果垂足在线段上则返回垂足，否则返回离垂足近的端点；如果该线段不平行于 X 轴也不平行于 Y 轴，则斜率存在且不为 0。设线段的两端点为 pt1 和 pt2，斜率为：k=(pt2. y－pt1. y)/(pt2. x－pt1. x)；该直线方程为：y＝k * (x－pt1. x)＋pt1. y。其垂线的斜率为－1/k，垂线方程为：y＝(－1/k) * (x－point. x)＋point. y。

联立两直线方程解得：

$$x=(k^2 * pt1.x+k * (point.y-pt1.y)+point.x)/(k^2+1)$$

$$y=k * (x-pt1.x)+pt1.y$$

然后再判断垂足是否在线段上，如果在线段上则返回垂足；如果不在则计算两端点到垂足的距离，选择距离垂足较近的端点返回。

【基本要求】

在一个已绘制的任意角度的直线段附近绘制其他直线，在绘制这些直线时，按引力场阀值 m_nGravityLimit 进行判断调整所绘直线的端点坐标。

【提高要求】

设计一个数据结构，用于存储多条线段或任意多点连线，在此基础上，每画一条线，都要判断该线段的端点是否位于上述任意一条线的附近，如果端点在某条线的附近，就用引力场技术来调整该线的端点坐标。

7.2 橡皮筋及拖动技术

【内容】

橡皮筋技术主要针对用户的要求，动态地将绘图过程表现出来，直到产生用户满意的结果为止。橡皮筋技术的基本原理即当用户用两定位点方式试图确定绘制一条直线，第一定位点确定，第二定位点随时变动而没有确定时，程序要不断擦除第一与第二两定位点之间的连线，不断生成新的第一与第二两定位点之间的连线，直至用户确定第二定位点为止。除橡皮筋直线外，还有橡皮筋矩形与橡皮筋圆等。

拖动是将图形对象在空间移动的过程动态地、连续地表示出来，直到满足用户的位置要求为止。在实际操作中，通常先选择一个图形对象，然后将光标向所需移动方向移动，选择的对象就跟着移动。对于要在选定最终位置前探索各种可能性的应用来说，在场景中各个位置实施牵引是很必要的。

除了橡皮筋和拖动技术外，实际系统中根据具体应用的不同，还会增加一些其他的绘图技术，如旋转、形变、局部形变等。

【算法思想】

橡皮筋技术是通过用"异或"显示方式画线、画圆来实现的，因它能还原被破坏过的显示内容。橡皮筋技术在第一章中已有介绍，这里不再赘述。

对图形拖动的实现方法类似于橡皮筋技术，也是要用"异或"的显示方式来不断擦除原有图形，然后在鼠标定的新的位置画新的图形。所不同的是，用橡皮筋技术画线、画圆时，第一个点坐标是不变的，而变化的是第二个点，被擦除和重新画的都是第一个点和第二个点之间所构成的直线或圆。而拖动技术，擦除的是整个图形，而重新画的也是整个图形，这就需要注意两点：一是要设计一个存储图形元素的数据结构，用于存储直线、矩形、圆、多点连线、多边形等，当用鼠标选择某个图形元素时，要能从图形数据库或图形数据文件中找到所选的图形，并获得该图形的各点坐标，从而实现擦除原有图形和显示新的图形；其次，在选择图形时，就需要采用图形拾取技术，这个内容在 7.3 中有介绍。

【基本要求】

设计一个存储图形元素的数据结构，用于存储直线、矩形、圆、多点连线、多边形等。要求用鼠标选择某个图形元素，随着光标的移动，所选图形也跟着移动，当松开按着鼠标左键时，图形的位置就确定下来。

【提高要求】

要求实现用鼠标操作，对所选图形进行旋转、形变(使图形在横向或纵向拉长或缩短)和局部形变(调整所选图形的某个坐标的位置)的功能。

7.3 拾取技术

【内容】

拾取图形的目的，是要取得显示屏中可见且被选中图形的名称，并获得其相关图形信息，以便对该图形进行后续的操作处理。最常见的图形拾取方法是光标拾取法，它利用具体的物理定位器向计算机不断地传送(x, y)坐标数据，以确定光标在屏幕中的位置。当用户操作光标远离不需要的图形且距他所需图形最近时，这个最近图形的颜色改变，供用户选择参考；根据这个反馈信息，用户按动一个按钮通知计算机，该图形被拾取了，被拾取的图形一般要再次改变颜色，以区别拾取搜索过程中的待选图形及没被选中的图形。

【算法思想】

当要选取直线、多点连线等线状图形时，通常需要判断用鼠标操作所点击的光标坐标是否落在欲选图形的线段上，但一般很难精确地点光标到线段上，常见的图形交互软件可以采用两种方式来解决：一是只要光标的位置离所选的图形的线段的距离小于一个阀值 dp，我们就认为该图形被选上；还有一个方法是基于光标位置 $P(x,y)$ 做一个选取窗口，窗口左下角和右上角坐标分别是（x－dp，y－dp）和（x＋dp，y＋dp）。如果判断出有一线段穿过或进入该选取窗口，则认为该线段所属的图形就被选中了。

如果要选取矩形、圆形、多边形等区域图形元素，则可判断光标所在位置是否落在这些区域内部，这就涉及到点在矩形内、在圆形内和在多边形内的判断方式。

如果屏幕上图形元素很多，按照上述方法直接判断光标所指位置到各图元的距离或判断各图元的线段是否穿过光标拾取窗口，会需要进行较多的计算，花较多的时间，往往是用户不能容忍的。所以，一个快速的判断方法，就是在图形数据结构中，还应保存每个图元的最小外接矩形，程序首先判断光标所指的位置落在哪些图元的外接矩形之内，落在外接矩形之内的这些图元才是可能被选取的图元，再进行下一步的计算和判断。

【基本要求】

要能够从直线、多点连线、矩形、圆形、多边形等图形元素中，用光标选取其中一个图形，并改变所选中的图形颜色。

【提高要求】

结合前面的橡皮筋和拖动技术，能从直线、多点连线、矩形、圆形、多边形等图形元素中选取一个图形元素，并对其进行移动、删除等操作。

7.4　实　例

本节给出约束、网格和引力场技术的实例。下面是程序实现过程。

(1)新建一个单文档 MFC 工程，工程名为“Interactive”，如图 7.1 和图 7.2 所示。

(2)添加菜单资源，如图 7.3 所示。菜单中，约束也可以没有水平和竖直这两个子菜单，可以在用鼠标绘图过程中，程序会自动判断应该是水平约束还是竖直约束，或不约束。菜单资源

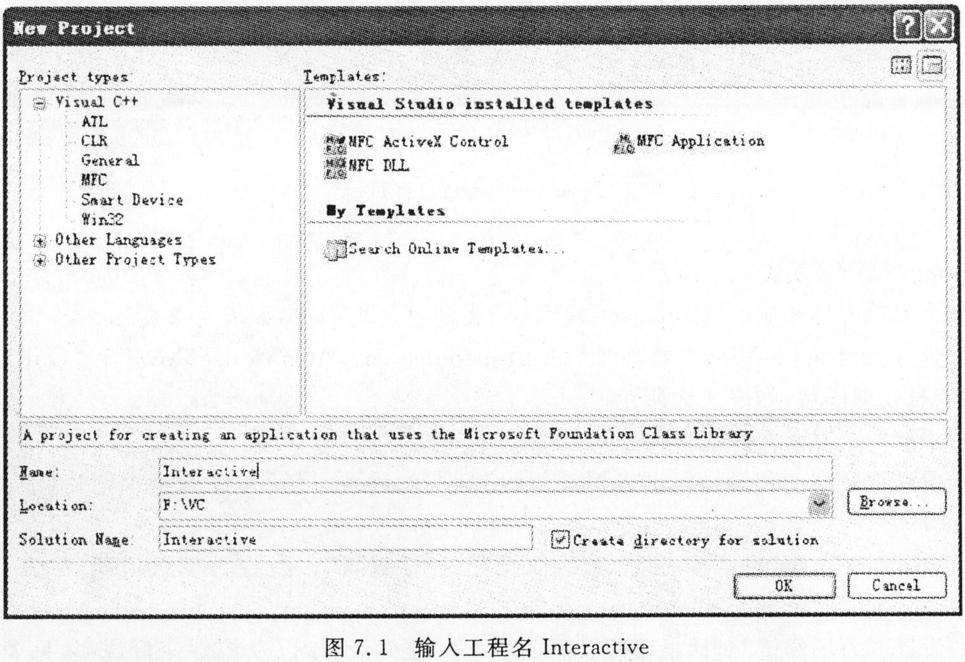

图 7.1　输入工程名 Interactive

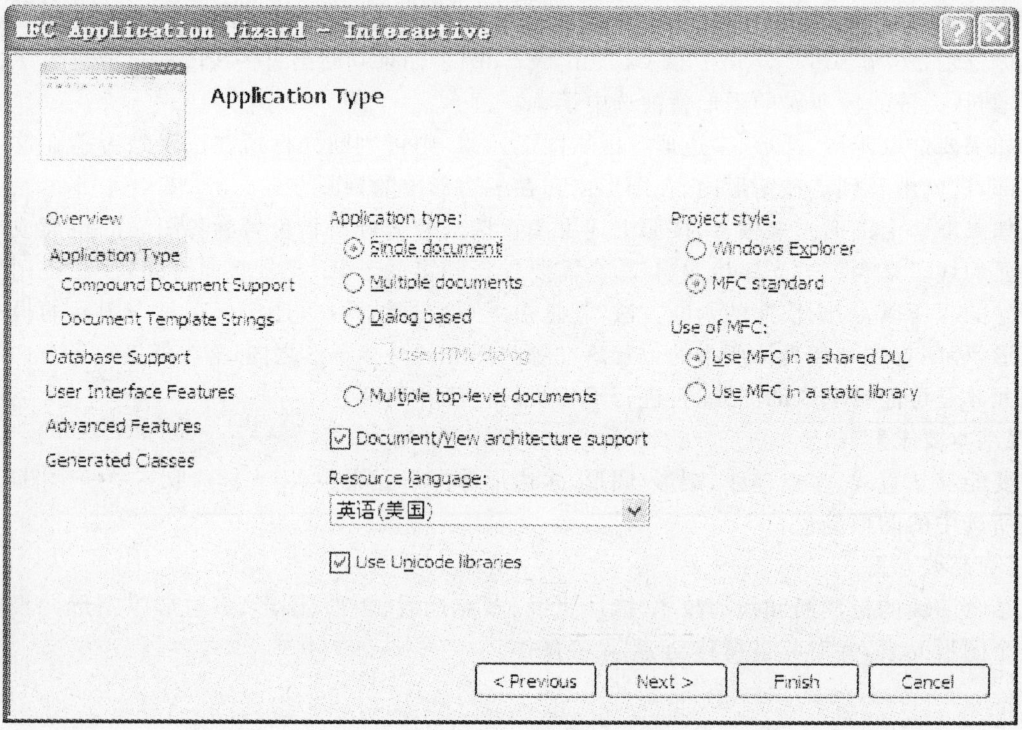

图 7.2　选择应用程序类型为单文档 MFC 工程

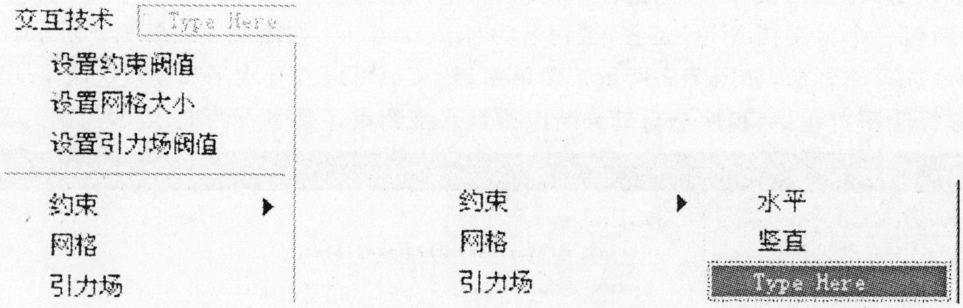

图 7.3　菜单设计

的“Caption”和“ID”如表 7.1 所示。

(3)为菜单添加相应的“CInteractiveView”类消息处理函数，如表 7.2 所示。

(4)为“CInteractiveView”类添加“OnLButtonDown”、“OnMouseMove”和“OnRButton-Down”消息处理函数，如表 7.3 所示。

(5)添加 3 个对话框资源，页面布局如图 7.4 所示。

1)“设置约束阀值”对话框，进行对话框设置、控件设置，以及控件变量说明，见表 7.4、表 7.5 和表 7.6。

2)“设置网格大小”对话框，进行对话框设置、控件设置，以及控件变量说明，见表 7.7、表 7.8 和表 7.9。

3)“设置引力场阀值”对话框，进行对话框设置、控件设置，以及控件变量说明，见表 7.10、

表 7.11 和表 7.12。

表 7.1 菜单 Caption 和 ID

菜单 Caption	菜单 ID
设置约束阀值	ID_SetConstraintLimit
设置网格大小	ID_SetGridSize
设置引力场阀值	ID_SetGravityLimit
水平	ID_XConstraint
竖直	ID_YConstraint
网格	ID_Grid
引力场	ID_Gravity

表 7.2 菜单对应的消息处理函数

菜单 ID	消息类型	消息处理函数
ID_SetConstraintLimit	COMMAND	On Setconstraintlimit
ID_SetGridSize	COMMAND	OnSetgridsize
ID_SetGravityLimit	COMMAND	OnSetgravitylimit
ID_XConstraint	COMMAND	OnXconstraint
ID_XConstraint	UPDATE_COMMAND_UI	OnUpdateXconstraint
ID_YConstraint	COMMAND	OnYconstraint
ID_YConstraint	UPDATE_COMMAND_UI	OnUpdateYconstraint
ID_Grid	COMMAND	OnGrid
ID_Grid	UPDATE_COMMAND_UI	OnUpdateGrid
ID_Gravity	COMMAND	OnGravity
ID_Gravity	UPDATE_COMMAND_UI	OnUpdateGravity

表 7.3 鼠标消息处理函数

消息名称	消息处理函数
WM_LBUTTONDOWN	OnLButtonDown
WM_MOUSEMOVE	OnMouseMove
WM_RBUTTONDOWN	OnRButtonDown

表 7.4 约束阀值对话框设置

对话框 ID	对话框 Caption
IDD_SetConstraintLimit	设置约束阀值

表 7.5 约束阀值控件设置

控件名称	控件 ID
请输入约束阀值	IDC_ConstraintLimit

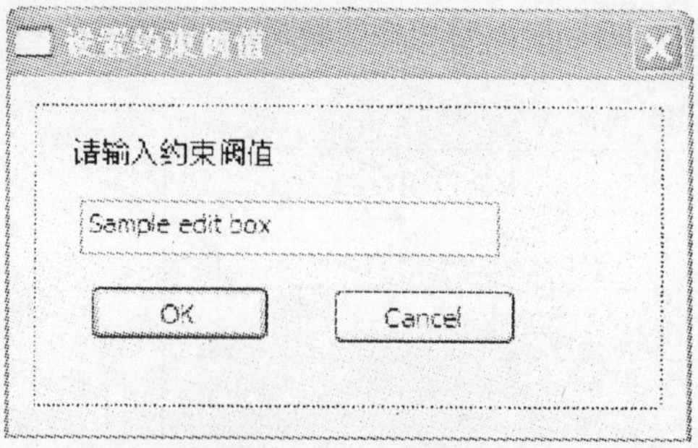

(a) 输入约束阈值对话框

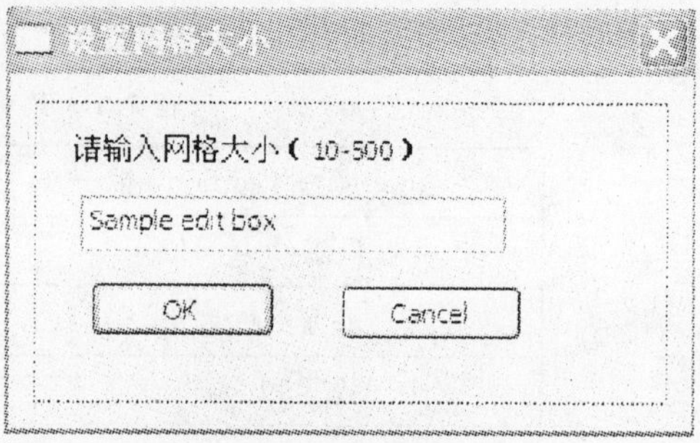

(b) 输入网格大小对话框

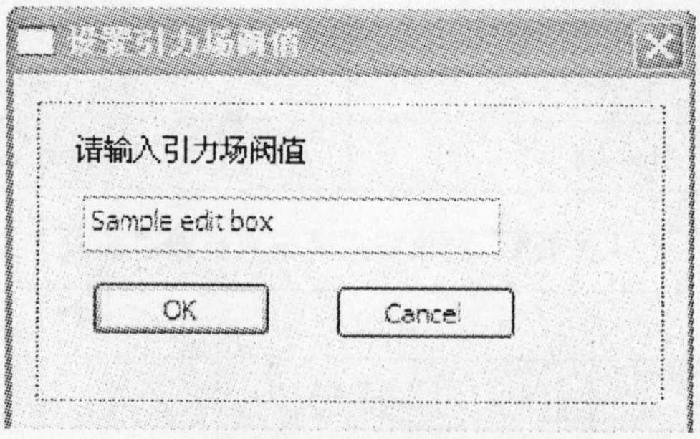

(c) 输入引力场阈值对话框

图 7.4　分别添加约束、网格、引力场参数设置对话框

表 7.6　约束阈值控件相应变量

ID	变量类型	变量名
IDC_ConstraintLimit	UINT	m_nConstraintLimit

表 7.7　网格大小对话框设置

对话框 ID	对话框 Caption
IDD_SetGridSize	设置网格大小

表 7.8　网格大小控件设置

控件名称	控件 ID
请输入网格大小	IDC_GridSize

表 7.9　网格大小控件相应变量

ID	变量类型	变量名
IDC_GridSize	UINT	m_nGridSize

表 7.10　引力场阈值对话框设置

对话框 ID	对话框 Caption
IDD_SetGravityLimit	设置引力场阈值

表 7.11　引力场阈值控件设置

控件名称	控件 ID
请输入引力场阈值	IDC_GravityLimit

表 7.12　引力场阈值控件相应变量

ID	变量类型	变量名
IDC_GravityLimit	UINT	m_nGravityLimit

(6)添加算法类 MyMath,用以实现约束的核心算法,具体代码如下。

```
//MyMath.h: interface for the MyMath class.
```

```
# pragma once
# define PI 3.1415926f
# define CONSTRAINT_LIMIT 30  //默认约束阀值
# define GRAVITY_LIMIT 20//默认引力场阀值
# define GRID_SIZE 50//默认格网大小
class MyMath
{
public:
    /* 水平方向约束:已知 p1,p2,竖直方向约束阀值为 limit(单位像素),计算约束后的 p2
       如果| y2-y1| <=limit,则 y2=y1,否则 y2 不变    */
    static void XConstraint(int limit,CPoint p1,CPoint &p2);
    /* 竖直方向约束:已知 p1,p2,水平方向约束阀值为 limit(单位像素),计算约束后的 p2
       如果| x2-x1| <=limit,则 x2=x1,否则 x2 不变    */
static void YConstraint(int limit,CPoint p1,CPoint &p2);
    /* 格网:已知格网(矩形)的左上角坐标为 a,右下角坐标为 b,计算约束后的 p
       如果 p 到格网个顶点的距离最小,则被约束到该顶点    */
    static void Grid(CPoint a,CPoint b,CPoint &p);
    //  按照默认格网对 p 点进行约束
    static void DefaultGrid(CPoint &p,int nGridSize);
    /* 引力场:已知线段端点为 ab,引力场约束阀值为 limit(单位像素),计算约束后的 p
       如果 p 在该引力场范围内,则被约束到离该线段最近的一点,否则不变    */
    static void Gravity(int limit,CPoint a,CPoint b,CPoint &p);
public:
    //  判断点是否在标准矩形内部:矩形的左上角坐标为 a,右下角坐标为 b
    static bool IsPointInRect(CPoint p,CPoint a,CPoint b);
    //  判断点是否在矩形内部
    static bool IsPointInRect(CPoint p,CPoint p1,CPoint p2,CPoint p3,CPoint p4);
    //  点是否在圆内部
    static bool IsPointInCircle(CPoint p,CPoint center,double radius);
public:
    //  a,b 垂直时:a 在 b 的下方;否则 a 在 b 的左边
    static void AssertLeft(CPoint &a,CPoint &b);
    //  已知线段 ab,求 limit 远处的矩形的个顶点(p1p2 和 p3p4 关于 ab 对称)
    static void CalculateRect(CPoint a,CPoint b,int limit,CPoint &p1,CPoint &p2,CPoint
    &p3,CPoint &p4);
    //  已知 ab 和线外一点 p,求垂足 obj
    static void CalculateChuizu(CPoint a,CPoint b,CPoint p,CPoint &obj);
public:
    //  判断点是否在多边形内部
```

```
    static bool IsPointInPolygon(CPoint p,CPoint  * pts,int n);
};
//  MyMath.cpp: implementation of the MyMath class.
# include"stdafx.h"
# include"MyMath.h"
# include<cmath>
void MyMath::XConstraint(int limit,CPoint p1,CPoint &p2)
{  int dy=abs(p2.y-p1.y);
   if(dy<=limit)
       p2.y=p1.y;
}
void MyMath::YConstraint(int limit,CPoint p1,CPoint &p2)
{  int dx=abs(p2.x-p1.x);
   if(dx<=limit)
       p2.x=p1.x;
}
void MyMath::Grid(CPoint a,CPoint b,CPoint &p)
{  //  格网的个顶点
       CPoint p1=a;
       CPoint p2=CPoint(b.x,a.y);
       CPoint p3=b;
       CPoint p4=CPoint(a.x,b.y);
       //  计算 p 到格网个顶点的距离(此处以距离的平方代替)
       int d1=(p.x-p1.x) * (p.x-p1.x)+(p.y-p1.y) * (p.y-p1.y);
       int d2=(p.x-p2.x) * (p.x-p2.x)+(p.y-p2.y) * (p.y-p2.y);
       int d3=(p.x-p3.x) * (p.x-p3.x)+(p.y-p3.y) * (p.y-p3.y);
       int d4=(p.x-p4.x) * (p.x-p4.x)+(p.y-p4.y) * (p.y-p4.y);
       int d12=min(d1,d2);
       int d34=min(d3,d4);
       int d1234=min(d12,d34);
       if (d1234==d1)     p=p1;
       else if(d1234==d2) p=p2;
       else if(d1234==d3) p=p3;
       else if(d1234==d4) p=p4;
   }
void MyMath::DefaultGrid(CPoint &p,int nGridSize)
{  //  按照默认格网对 p 点进行约束
   CPoint a;  //  网格左上角坐标
   a.x=(p.x/nGridSize) * nGridSize;
```

```
    a.y=(p.y/nGridSize) * nGridSize;
    CPoint b;  //  网格右下角坐标
    b.x=a.x+nGridSize;
    b.y=a.y+nGridSize;
    //  进行格网约束
    Grid(a,b,p);
}
void MyMath::Gravity(int limit,CPoint a,CPoint b,CPoint &p)
{   MyMath::AssertLeft(a,b);  //  保证 a 在 b 的左边
    //  计算矩形顶点
    CPoint p1,p2,p3,p4;
    MyMath::CalculateRect(a,b,limit,p1,p2,p3,p4);
    int r=limit;
    //  判断 p 点的位置
    bool b1=MyMath::IsPointInRect(p,p1,p2,p3,p4);
    if (b1)
    {  //  求垂足
          CalculateChuizu(a,b,p,p);  //  p 约束到线段 AB 上
    }
    else
    {  bool b2=MyMath::IsPointInCircle(p,a,r);
       bool b3=MyMath::IsPointInCircle(p,b,r);
       if (b2)  p=a;  //  p 在左半圆弧内,则约束到 A 点
       else if (b3)  p=b;  //  p 在右半圆弧内,则约束到 B 点
       else  return;
       }
}
bool MyMath::IsPointInRect(CPoint point,CPoint a,CPoint b)
{   int xMin=min(a.x,b.x);
        int xMax=max(a.x,b.x);
        int yMin=min(a.y,b.y);
        int yMax=max(a.y,b.y);
        if(point.x<xMin| | point.x>xMax| | point.y<yMin| | point.y>yMax)
        return false;
            else  return true;
  }
  bool MyMath::IsPointInRect(CPoint p,CPoint p1,CPoint p2,CPoint p3,CPoint p4)
  {  CPoint pts[4];
     pts[0]=p1;
```

```
    pts[1]=p2;
    pts[2]=p3;
    pts[3]=p4;
    return IsPointInPolygon(p,pts,4);
}
bool MyMath::IsPointInCircle(CPoint p,CPoint center,double radius)
  { /* f(x,y)=(x-a)*(x-a)+(y-b)*(y-b)-r*r;===f(x,y)<0*/
    double result=(p.x-center.x)*(p.x-center.x)+(p.y-center.y)*(p.y-center.y)-radius*
    radius;
    if(result<=0.0)   return true;
    else return false;
  }
  void MyMath::AssertLeft(CPoint &a,CPoint &b)
  {     //  a,b 垂直时:a 在 b 的下方;否则 a 在 b 的左边
        //  保证 A 在 B 的左边
        CPoint A,B;
        if (a.x==b.x)  //  垂直
        {   if (a.y>b.y)//保证 A 在 B 的下方
            {  A=a;
               B=b;
            }
            else
            {  A=b;
               B=a;
            }
        }
        else if(a.x<b.x)
        { //  保证 A 在 B 的左边
          A=a;
          B=b;
        }
        else if(a.x>b.x)
        { //保证 A 在 B 的左边
          A=b;
          B=a;
        }
        a=A;
        b=B;
  }
```

```
void MyMath::CalculateRect(CPoint a,CPoint b,int limit,CPoint &p1,CPoint &p2,CPoint &p3,
CPoint &p4)
{//  AssertLeft(a,b);  //  保证 a 在 b 的左边
    float thea;
    if (a.x==b.x)  //  垂直
    {  thea=PI/2.0;
    }
    else
    {  //  不垂直
        float k=(b.y-a.y)/(float)(b.x-a.x);
        thea=(float)atan(k); // 计算角度
    }
    float r=(float)limit;
    //  计算矩形的个顶点(顺时针)
    float sinx=(float)sin(thea);
    float cosx=(float)cos(thea);
    p1.x=-r* sinx+a.x;
    p1.y=r * cosx+a.y;
    p2.x=-r * sinx+b.x;
    p2.y=r * cosx+b.y;
    p3.x=r * sinx+b.x;
    p3.y=-r * cosx+b.y;
    p4.x=r * sinx+a.x;
    p4.y=-r * cosx+a.y;
}
//  已知 ab 和线外一点 p,求垂足 obj
void MyMath::CalculateChuizu(CPoint a,CPoint b,CPoint p,CPoint &obj)
{  /*  垂足计算公式
    x=(k * x1-y1+(1/k) * x0+y0)/(k+1/k)
    y=k * (x-x1)+y1     */
    if (a.x==b.x)  //  垂直
    {  obj.x=a.x;
       obj.y=p.y;
    }
    else if(a.y==b.y)  //  水平
    {  obj.x=p.x;
       obj.y=a.y;
    }
    else  //  倾斜
```

```
    {   float k=(b.y-a.y)/(float)(b.x-a.x);
        int x1=a.x,y1=a.y;
        int x0=p.x,y0=p.y;
        obj.x=(k * x1-y1+(1/k) * x0+y0)/(k+1/k);
        obj.y=k * (obj.x-x1)+y1;
    }
}
bool MyMath::IsPointInPolygon(CPoint p,CPoint  * pts,int n)
{   if (n<3) return false;
    int counter=0;
    int i;
    double xinters;
    CPoint p1,p2;
    p1=pts[0];
    for (i=1;i<=n;i++)
    {   p2=pts[i % n];
        if (p.y > min(p1.y,p2.y))
            {   if (p.y <=max(p1.y,p2.y))
                {   if (p.x <=max(p1.x,p2.x))
                    {   if (p1.y!=p2.y)
                        {
                            xinters=(p.y-p1.y) * (p2.x-p1.x)/(p2.y-p1.y)+p1.x;
                            if (p1.x==p2.x || p.x <=xinters)
                                counter++;
                        }
                    }
                }
            }
        p1=p2;
    }
    if (counter % 2==0)
       return false;
    else   return true;
}
```

(7)添加算法类 MyDraw,用以实现绘制功能,具体代码如下。

```
// MyDraw.h: interface for the MyDraw class.
# pragma once
# include"MyMath.h"
class MyDraw
```

```
{
public:
    //  绘制线段，线段端点为 p1，p2
    static void DrawLine(CDC * pDC,CPoint p1,CPoint p2,int nStyle,int nWidth,COLORREF
    color);
    //  绘制格网，格网(矩形)的左上角坐标为 a,右下角坐标为 b
    static void DrawGrid(CDC * pDC,CPoint a,CPoint b);
    //  绘制默认的格网(窗口宽度 width 和高度 height,网格大小 nGridSize)
    static void DrawDefaultGrid(CDC * pDC,int nWidth,int nHeight,int nGridSize);
    //  绘制引力场线段端点为 ab,引力场约束阀值为 limit(单位像素)
    static void DrawGravity(CDC * pDC,int limit,CPoint a,CPoint b);
private:
    //  绘制矩形 4 个顶点分别为 p1、p2、p3、p4(通用)
    static void DrawRect(CDC * pDC,CPoint p1,CPoint p2,CPoint p3,CPoint p4,int nStyle,int
    nWidth,COLORREF color);
    //  绘制水平方向的矩形左上角坐标为 a,右下角坐标为 b(特殊:水平的)
    static void DrawHorizontalRect(CDC * pDC,CPoint a,CPoint b,int nStyle,int nWidth,
    COLORREF color);
private:
    //  DDA 绘制圆形
    static void DDA_DrawCircle(CDC * pDC,int Xc,int Yc,int nRadius,int n,float Ta,float Tb,
    int nStyle,int nWidth,COLORREF color);
    //  绘制左右半圆弧(bIsLeftOrRight:true 左半圆弧,false 右半圆弧)
    static void DrawHalfCircle(CDC * pDC,CPoint center,int nRadius,bool bIsLeftOrRight,
    int nStyle,int nWidth,COLORREF color);
};
// MyDraw.cpp: implementation of the MyDraw class.
# include"stdafx.h"
# include"MyDraw.h"
# include<cmath>
void MyDraw::DrawLine(CDC * pDC,CPoint p1,CPoint p2,int nStyle,int nWidth,COLORREF
color)
{  CPen newPen(nStyle,nWidth,color);  //  创建新画笔
   CPen * pOldPen=pDC->SelectObject(&newPen);  //  保存旧画笔
   //  绘制线
   pDC->MoveTo(p1);
   pDC->LineTo(p2);
   pDC->SelectObject(pOldPen);//恢复旧画笔
}
```

```
void MyDraw::DrawRect(CDC * pDC,CPoint p1,CPoint p2,CPoint p3,CPoint p4,int nStyle,int
nWidth,COLORREF color)
{  DrawLine(pDC,p1,p2,nStyle,nWidth,color);
   DrawLine(pDC,p2,p3,nStyle,nWidth,color);
   DrawLine(pDC,p3,p4,nStyle,nWidth,color);
   DrawLine(pDC,p4,p1,nStyle,nWidth,color);
}
void MyDraw::DrawHorizontalRect(CDC * pDC,CPoint a,CPoint b,int nStyle,int nWidth,COL-
ORREF color)
{  //  格网的个顶点
   CPoint p1=a;
   CPoint p2=CPoint(b.x,a.y);
   CPoint p3=b;
   CPoint p4=CPoint(a.x,b.y);
   //  绘制矩形
   DrawRect(pDC,p1,p2,p3,p4,nStyle,nWidth,color);
}
void MyDraw::DrawGrid(CDC * pDC,CPoint a,CPoint b)
{  DrawHorizontalRect(pDC,a,b,PS_DOT,1,RGB(0,0,0));
}
void MyDraw::DrawGravity(CDC * pDC,int limit,CPoint a,CPoint b)
{  MyMath::AssertLeft(a,b);  //  保证 a 在 b 的左边
   //  计算矩形顶点
   CPoint p1,p2,p3,p4;
   MyMath::CalculateRect(a,b,limit,p1,p2,p3,p4);
   //  绘制线段 ab
   DrawLine(pDC,a,b,PS_SOLID,1,RGB(0,0,0));
   //  绘制矩形框 p1 p2 p3 p4
   DrawRect(pDC,p1,p2,p3,p4,PS_DOT,1,RGB(0,0,0));
   //  绘制左右半圆弧
   float thea;
   if (a.x==b.x)   thea=0.0;  //  垂直
   else if (b.y==a.y) thea=PI/2.0;  //  不垂直
   else   {  float k=(b.y-a.y)/(float)(b.x-a.x);
             thea=(float)atan(-1/k); // 计算角度 -pi/2～pi/2
          }
   int r=limit;
   float startAngle1=thea;
   float startAngle2=PI+thea;
```

```
    if (startAngle1<0)
    {   startAngle1+=PI;
        startAngle2+=PI;
    }
    //   左半圆弧
    DDA_DrawCircle(pDC,a.x,a.y,r,36,startAngle1,startAngle1+PI,PS_DOT,1,RGB(0,0,0));
    //   右半圆弧
    DDA_DrawCircle(pDC,b.x,b.y,r,36,startAngle2,startAngle2+PI,PS_DOT,1,RGB(0,0,0));
}
void MyDraw::DrawHalfCircle(CDC *pDC,CPoint center,int nRadius,bool bIsLeftOrRight,int
nStyle,int nWidth,COLORREF color)
{   //pDC->Arc(CRect(CPoint(50,50),CPoint(150,150)),CPoint(100,50),CPoint(100,150)); //
    left
    //pDC->Arc(CRect(CPoint(50,50),CPoint(150,150)),CPoint(100,150),CPoint(100,50)); //
    right
    CPoint a=CPoint(center.x-nRadius,center.y-nRadius);
    CPoint b=CPoint(center.x+nRadius,center.y+nRadius);
    CPoint bottom=CPoint(center.x,center.y+nRadius);
    CPoint up=CPoint(center.x,center.y-nRadius);
    CPen newPen(nStyle,nWidth,color);  //   创建新画笔
    CPen *pOldPen=pDC->SelectObject(&newPen);  //   保存旧画笔
    if(bIsLeftOrRight)   pDC->Arc(CRect(a,b),up,bottom); //   left
    else   pDC->Arc(CRect(a,b),bottom,up); //   right
    pDC->SelectObject(pOldPen);  //   恢复旧画笔
}
//   绘制默认的格网
void MyDraw::DrawDefaultGrid(CDC *pDC,int nWidth,int nHeight,int nGridSize)
{   if(nGridSize<1) return;
    int xCount=nWidth/nGridSize+1;  //   x方向网格数量
    int yCount=nHeight/nGridSize+1; //   y方向网格数量
    CPoint start(0,0);  //   网格左上角起始坐标
    for (int i=0;i<xCount;i++)
    {   for (int j=0;j<yCount;j++)
        {   CPoint a;  //   网格左上角坐标
            a.x=start.x+i*nGridSize;
            a.y=start.y+j*nGridSize;
            CPoint b;  //   网格右下角坐标
            b.x=a.x+nGridSize;
            b.y=a.y+nGridSize;
```

```
            DrawGrid(pDC,a,b);  //  绘制网格
        }
    }
}
void MyDraw::DDA_DrawCircle(CDC * pDC,int Xc,int Yc,int nRadius,int n,float Ta,float Tb,
int nStyle,int nWidth,COLORREF color)
{   float c=(Tb-Ta)/n;
    float A=2 * cos(c);
    float X0=nRadius * cos(Ta),Y0=nRadius * sin(Ta);
    float X1=X0 * cos(c)-Y0 * sin(c) ,Y1=X0 * sin(c)+Y0 * cos(c);
    float Xn,Yn,Xn_1=X1,Yn_1=Y1,Xn_2=X0,Yn_2=Y0;
    for (int i=2;i<=n;i++)
    {   //(X0,Y0)-( X(n-2),Y(n-2))
        Xn=A * Xn_1-Xn_2;
        Yn=A * Yn_1-Yn_2;
        Xn_2+=Xc;
        Yn_2+=Yc;
        DrawLine(pDC,CPoint(Xn_2,Yn_2),CPoint(Xn_1+Xc,Yn_1+Yc),nStyle,nWidth,color);
        // update for the next line
        Xn_2=Xn_1;
        Yn_2=Yn_1;
        Xn_1=Xn;
        Yn_1=Yn;
    }
    // the last line (Xn-1,Yn-1)-(Xn,Yn)
    Xn_2+=Xc;
    Yn_2+=Yc;
    Xn_1+=Xc;
    Yn_1+=Yc;
    DrawLine(pDC,CPoint(Xn_2,Yn_2),CPoint(Xn_1,Yn_1),nStyle,nWidth,color);
}
```

(8)在 CInteractiveView.h 中添加代码如下。

```
include"MyDraw.h"
class CInteractiveView : public CView
{
public:
    void Init()
    {   // .参数初始化
        m_nConstraintLimit=CONSTRAINT_LIMIT;
```

```
        m_nGridSize=GRID_SIZE;
        m_nGravityLimit=GRAVITY_LIMIT;
        gravityStart.x=gravityStart.y=0;
        gravityEnd.x=gravityEnd.y=0;
        m_bDrawGravityFinished=false;
        m_bXConstraint=false;
        m_bYConstraint=false;
        m_bGrid=false;
        m_bGravity=false;
        m_nStep=0;  //  操作步数初始为
        start.x=start.y=0;  //  线段的起点坐标初始为
        end.x=end.y=0;  //  线段的终点坐标初始为
    }
    void ReturnNormal()
    { //  恢复绘图控制参数
        gravityStart.x=gravityStart.y=0;
        gravityEnd.x=gravityEnd.y=0;
        m_bDrawGravityFinished=false;
        m_nStep=0;  //  操作步数初始为
        start.x=start.y=0;  //  线段的起点坐标初始为
        end.x=end.y=0;  //  线段的终点坐标初始为
    }
private:
    int m_nConstraintLimit;  //  约束阀值
    int m_nGridSize;  //  格网大小
    int m_nGravityLimit;  //  引力场阀值
    CPoint gravityStart,gravityEnd;  //  引力场线段的起始点
    bool m_bDrawGravityFinished;  //  引力场绘制完成
    bool m_bXConstraint;  //  true 水平方向约束(默认 false)
    bool m_bYConstraint;  //  true 竖直方向约束(默认 false)
    bool m_bGrid;  //  true 格网约束(默认 false)
    bool m_bGravity;  //  true 引力场约束(默认 false)
    //  绘图控制参数
    int m_nStep;  //  记录操作步数
    CPoint start;  //  记录线段的起点坐标
    CPoint end;  //  记录线段的终点坐标
}
```

(9)在 CInteractiveView.cpp 中添加代码如下。

1)添加头文件。

```
# include"SetConstraintLimitDlg.h"
# include"SetGravityLimitDlg.h"
# include"SetGridSizeDlg.h"
```

2)初始化参数。

```
CInteractiveView::CInteractiveView()
{   Init();//参数初始化
}
```

3)添加菜单对应的消息处理函数。

```
//CInteractiveView message handlers
void CInteractiveView::OnSetconstraintlimit()
{ //  设置约束阈值
   SetConstraintLimitDlg dlg;
   dlg.m_nConstraintLimit=m_nConstraintLimit;  //  设置对话框默认参数
   if (dlg.DoModal())  m_nConstraintLimit=dlg.m_nConstraintLimit;  // 获取用户输入
   参数
}
void CInteractiveView::OnSetgridsize()
{ //  设置格网大小
   SetGridSizeDlg dlg;
   dlg.m_nGridSize=m_nGridSize;  //  设置对话框默认参数
   if (dlg.DoModal())  m_nGridSize=dlg.m_nGridSize;  //  获取用户输入参数
}
void CInteractiveView::OnSetgravitylimit()
{ //  设置引力场阈值
   SetGravityLimitDlg dlg;
   dlg.m_nGravityLimit=m_nGravityLimit;  //  设置对话框默认参数
   if (dlg.DoModal())  m_nGravityLimit=dlg.m_nGravityLimit;  //  获取用户输入参数
}
void CInteractiveView::OnXconstraint()
{  m_bXConstraint=true;
   m_bYConstraint=false;
   m_bGrid=false;
   m_bGravity=false;
   ReturnNormal();  //  恢复绘图控制参数
   Invalidate(TRUE);  //  重绘视图
}
void CInteractiveView::OnUpdateXconstraint(CCmdUI * pCmdUI)
{  pCmdUI->SetCheck(m_bXConstraint);//当点击菜单时,在该菜单前打钩
}
```

```
void CInteractiveView::OnYconstraint()
{   m_bXConstraint=false;
    m_bYConstraint=true;
    m_bGrid=false;
    m_bGravity=false;
    ReturnNormal();  //  恢复绘图控制参数
    Invalidate(TRUE);  //  重绘视图
}
void CInteractiveView::OnUpdateYconstraint(CCmdUI * pCmdUI)
{   pCmdUI->SetCheck(m_bYConstraint);  //  当点击菜单时,在该菜单前打钩
}
void CInteractiveView::OnGrid()
{   m_bXConstraint=false;
    m_bYConstraint=false;
    m_bGrid=true;
    m_bGravity=false;
    ReturnNormal();  //  恢复绘图控制参数
    Invalidate(TRUE);  //  重绘视图
}
void CInteractiveView::OnUpdateGrid(CCmdUI * pCmdUI)
{   pCmdUI->SetCheck(m_bGrid);  //  当点击菜单时,在该菜单前打钩
}
void CInteractiveView::OnGravity()
{   m_bXConstraint=false;
    m_bYConstraint=false;
    m_bGrid=false;
    m_bGravity=true;
    ReturnNormal();  //  恢复绘图控制参数
    Invalidate(TRUE);  //  重绘视图
}
void CInteractiveView::OnUpdateGravity(CCmdUI * pCmdUI)
{   pCmdUI->SetCheck(m_bGravity);  //  当点击菜单时,在该菜单前打钩
}
```

4)添加 OnLButtonDown、OnMouseMove 和 OnRButtonDown 消息处理函数

```
void CInteractiveView::OnLButtonDown(UINT nFlags, CPoint point)。
{   if (m_bXConstraint)  //  水平方向约束
    {   if (m_nStep==0)
        {   m_nStep++;  //  记录起点坐标
            start=point;
```

```
        }
        else
        {  m_nStep=0;  //  画线完毕后,操作步数立即归零
           start.x=start.y=0;  //  线段的起点坐标初始为
           end.x=end.y=0;  //  线段的终点坐标初始为
        }
}
else if(m_bYConstraint)  //  竖直方向约束
{
    if (m_nStep==0)
    {  m_nStep++;  //  记录起点坐标
       start=point;
    }
    else
    {  m_nStep=0;  //  画线完毕后,操作步数立即归零
       start.x=start.y=0;  //  线段的起点坐标初始为
       end.x=end.y=0;  //  线段的终点坐标初始为
    }
}
else if(m_bGrid)  //  格网约束
{  if (m_nStep==0)
    {  m_nStep++;  //  记录起点坐标
       start=point;
    }
    else
    {  m_nStep++;
       start=end;
    }
}
else if(m_bGravity)  //  引力场约束
{  if (! m_bDrawGravityFinished)  //  第一次绘制引力场
    {  if (m_nStep==0)
        {  m_nStep++;
           gravityStart=point;  //  引力场的起始点
        }
        else
        {  m_bDrawGravityFinished=true;  //  标示引力场绘制完成,以后绘制线段
           m_nStep=0;
        }
```

```
        }
        else //  绘制线段
        {  if (m_nStep==0)
          {  m_nStep++;
             start=point;
          }
          else
          {  //  线段绘制完毕以后再进行引力场约束(计算很费时)
             CPoint oldStart=start,oldEnd=end;  //  保存约束前的点
             MyMath::Gravity(m_nGravityLimit,gravityStart,gravityEnd,start);
             MyMath::Gravity(m_nGravityLimit,gravityStart,gravityEnd,end);
                                                          //  绘制约束后的图形
             MyDraw::DrawLine(GetDC(),start,end,PS_SOLID,2,RGB(255,0,255));
                                                      //  绘制约束后的线段
             MyDraw::DrawLine(GetDC(),oldStart,start,PS_SOLID,1,RGB(0,0,0)); // 辅助线
             MyDraw::DrawLine(GetDC(),oldEnd,end,PS_SOLID,1,RGB(0,0,0));  //  辅助线
             m_nStep=0;
             start.x=start.y=0;  //  线段的起点坐标初始为
             end.x=end.y=0;  //  线段的终点坐标初始为
           }
          }
        }
        CView::OnLButtonDown(nFlags, point);
    }
    void CInteractiveView::OnMouseMove(UINT nFlags, CPoint point)
    {  CClientDC dc(this);
       if (m_bXConstraint)  //  水平方向约束
       {  if(m_nStep! =0)  //  第一次点击鼠标之后,m_nStep=1,则拉出橡皮条
          {  dc.SetROP2(R2_NOTXORPEN);//设置线条模式 R2_NOTXORPEN/R2_NOT
             if(end.y! =0)
             {  //  若不是第一次画线段,则擦除上一条线段
                MyMath::XConstraint(m_nConstraintLimit,start,end);  //进行水平方向约束
                MyDraw::DrawLine(&dc,start,point,PS_DOT,1,RGB(0,0,0));  //绘制原始线段
                MyDraw::DrawLine(&dc,start,end,PS_SOLID,1,RGB(255,0,0));
                                                      //  绘制约束后的线段
             }
             end=point;  //  更新终点的坐标
             //  画出新的线段
             MyMath::XConstraint(m_nConstraintLimit,start,end);  //  进行水平方向约束
```

```
        MyDraw::DrawLine(&dc,start,point,PS_DOT,1,RGB(0,0,0));  //  绘制原始线段
        MyDraw::DrawLine(&dc,start,end,PS_SOLID,1,RGB(255,0,0));//绘制约束后的线段
      }
  }
  else if(m_bYConstraint)  //  竖直方向约束
  {  if(m_nStep! =0)  //  第一次点击鼠标之后,m_nStep=1,则拉出橡皮条
     {  dc.SetROP2(R2_NOTXORPEN);  //  设置线条模式 R2_NOTXORPEN/R2_NOT
        if(end.y! =0)
        {  //  若不是第一次画线段,则擦除上一条线段
           MyMath::YConstraint(m_nConstraintLimit,start,end);  //进行竖直方向约束
           MyDraw::DrawLine(&dc,start,point,PS_DOT,1,RGB(0,0,0)); //绘制原始线段
           MyDraw::DrawLine(&dc,start,end,PS_SOLID,1,RGB(255,0,0));//绘制约束后
           的线段
        }
        end=point;  //更新终点的坐标
        //  画出新的线段
        MyMath::YConstraint(m_nConstraintLimit,start,end);  //  进行竖直方向约束
        MyDraw::DrawLine(&dc,start,point,PS_DOT,1,RGB(0,0,0));  //  绘制原始线段
        MyDraw::DrawLine(&dc,start,end,PS_SOLID,1,RGB(255,0,0));  //  绘制约束后
          的线段
      }
  }
  else if(m_bGrid)  //  格网约束
  {  if(m_nStep! =0)  //  第一次点击鼠标之后,m_nStep=1,则拉出橡皮条
     {  dc.SetROP2(R2_NOTXORPEN);  //  设置线条模式 R2_NOTXORPEN/R2_NOT
        if(end.y! =0)
        {  //  若不是第一次画线段,则擦除上一条线段
           //  对 start,end 进行格网约束后再绘制
           MyMath::DefaultGrid(start,m_nGridSize);  //  进行默认格网约束
           MyMath::DefaultGrid(end,m_nGridSize);  //  进行默认格网约束
           MyDraw::DrawLine(&dc,start,end,PS_SOLID,1,RGB(0,0,255));//  绘制约束后
             的线段
        }
        end=point;  //更新终点的坐标
        //  画出新的线段, 对 start,end 进行格网约束后再绘制
        MyMath::DefaultGrid(start,m_nGridSize);  //  进行默认格网约束
        MyMath::DefaultGrid(end,m_nGridSize);  //  进行默认格网约束
        MyDraw::DrawLine(&dc,start,end,PS_SOLID,1,RGB(0,0,255));  //  绘制约束后
          的线段
```

```
        }
    }
    else if(m_bGravity)  //  引力场约束
    {  if(m_nStep! =0)  //  第一次点击鼠标之后，m_nStep=1,则拉出橡皮条
        {  if(! m_bDrawGravityFinished)  //  绘制引力场
            {  dc.SetROP2(R2_NOTXORPEN); // 设置线条模式 R2_NOTXORPEN/R2_NOT
               if(gravityEnd.y! =0)
               {  //  若不是第一次画线段，则擦除上一条线段
                  MyDraw::DrawGravity(&dc,m_nGravityLimit,gravityStart,gravityEnd);
                                                            //  绘制约束后的线段
               }
               gravityEnd=point;//引力场的终点
               MyDraw::DrawGravity(&dc,m_nGravityLimit,gravityStart,gravityEnd);
                                                            //  绘制约束后的线段
        }
        else  //  绘制线段
        {  dc.SetROP2(R2_NOTXORPEN);  //  设置线条模式 R2_NOTXORPEN/R2_NOT
           if(end.y! =0)
           {  //  若不是第一次画线段，则擦除上一条线段
              MyDraw::DrawLine(&dc,start,end,PS_SOLID,1,RGB(0,0,255));
                                                            //  绘制约束后的线段
           }
           end=point;  //  更新终点的坐标
           MyDraw::DrawLine(&dc,start,end,PS_SOLID,1,RGB(0,0,255));
                                                            //  绘制约束后的线段
        }
      }
    }
    CView::OnMouseMove(nFlags, point);
}
void CInteractiveView::OnRButtonDown(UINT nFlags, CPoint point)
{  if (m_bXConstraint)  //  水平方向约束
   {
   }
   else if(m_bYConstraint)  //  竖直方向约束
   {
   }
   else if(m_bGrid)  //  格网约束
   {
```

```
    }
    else if(m_bGravity)   //  引力场约束
    {
    }
    ReturnNormal();
    CView::OnRButtonDown(nFlags, point);
}
```

5)在 OnDraw 中添加代码如下。

```
void CInteractiveView::OnDraw(CDC *  /* pDC */)
{   CInteractiveDoc * pDoc=GetDocument();
    ASSERT_VALID(pDoc);
    if (! pDoc)  return;
    if(m_bGrid)
    { //  设置默认格网
       CRect rect;
       GetClientRect(rect);  //  获取客户区范围
       MyDraw::DrawDefaultGrid(GetDC(),rect.Width(),rect.Height(),m_nGridSize);
                                                        // 绘制默认的格网
    }
}
```

10. 按 Ctrl+F5 运行程序。

(1)约束功能运行,见图 7.5、图 7.6 和图 7.7。

(2)网格功能运行,见图 7.8 和图 7.9。

(3)引力场功能运行,见图 7.10。

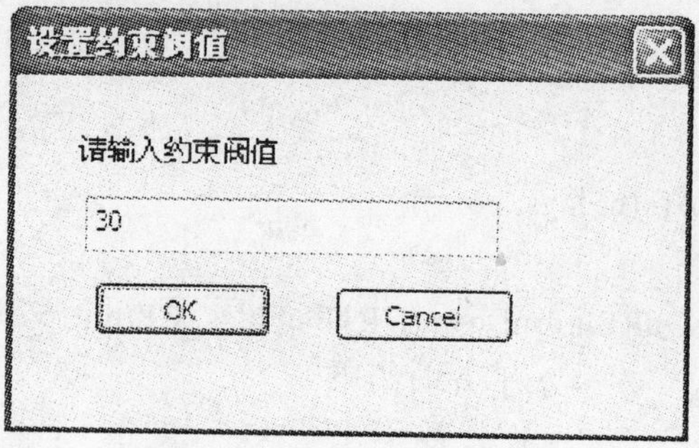

图 7.5　输入约束阈值

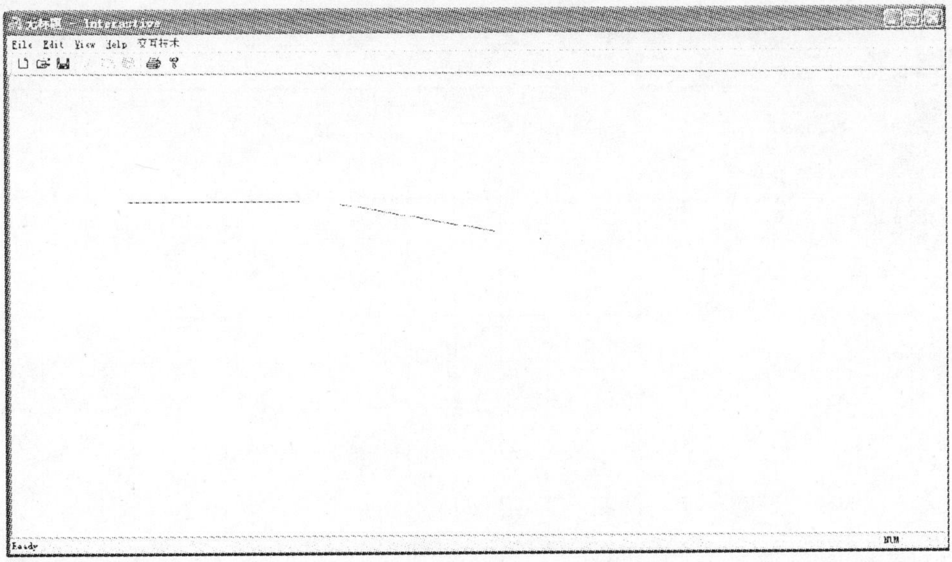

图 7.6　水平约束

图 7.7　竖直约束

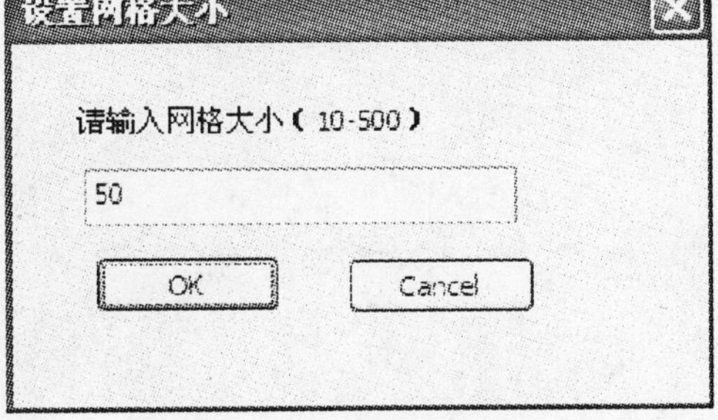

图 7.8　输入网格大小参数

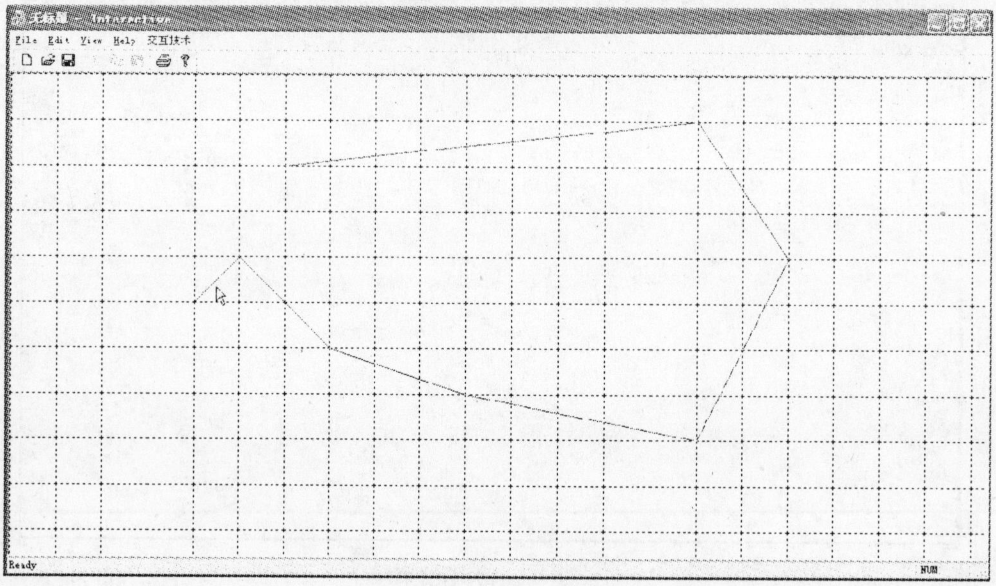

图 7.9　网格约束绘图

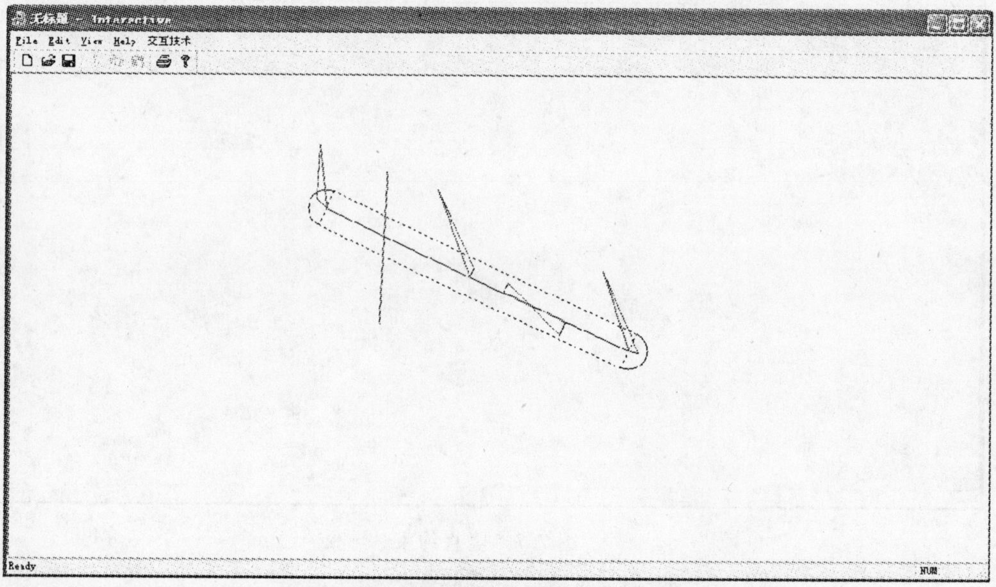

图 7.10　引力场绘制效果

第八章　消　隐

如果将图形数据库或图形数据文件中的三维物体按所选的投影方式和投影方向直接显示在屏幕上，就会将这些物体的所有线和面都显示在屏幕上，其中也包括一些按理视线观察不到的隐藏线和隐藏面，这就需要研究在进行三维物体投影显示之前，要将视线看不到的隐藏线和隐藏面进行消除。根据消隐对象的不同可分为线消隐和面消隐。

8.1　外法向量法消除隐藏线

【内容】

线消隐处理对象为线框模型，是以场景中的物体为处理单元，将一个物体与其余的 k－1 个物体逐一比较，仅显示它可见的表面以达到消隐的目的。

1. 凸多面体的隐藏线的消除

在消隐问题中，凸多面体是最简单和最基本的情形，其消隐算法的关键是测试其上哪些表面是可见的，哪些表面是不可见的。利用表面外法线方向可测试物体表面的可见性。

凸多面体是由若干个平面围成的物体。假设这些平面方程为：

$$a_i x + b_i y + c_i z + d_i = 0, \quad i = 1,2,\cdots,n \tag{8.1}$$

物体内一点 $p_0(x_o, y_o, z_o)$ 满足 $a_i x + b_i y + c_i z + d_i < 0$，平面法向量 (a_i, b_i, c_i) 指向物体外部。视点与第 i 个面上一点连线的方向为 (l_i, m_i, n_i)。那么第 i 个面为自隐藏面对判断方法是：

$$(a_i, b_i, c_i) \times (l_i, m_i, n_i) > 0$$

对于任意凸多面体，可先求出所有隐藏面，然后检查每条边，若相交于某条边的两个面均为自隐藏面，则该边为自隐藏线，该线可以不显示或用虚线显示。

2. 凹多面体的隐藏线消除

凹多面体的隐藏线消除比较复杂。假设凹多面体用它的表面多边形的集合表示，消除隐藏线的问题归结为：一条空间线段 p_1p_2 和一个多边形 a，判断线段是否被多边形遮挡。如果被遮挡，求出隐藏部分。以视点为投影中心，把线段与多边形顶点投影到屏幕上，将各对应投影点连线的方程联立求解，则可求得线段与多边形投影的交点。

如果线段与多边形的任何边都不相交，则有两种可能：线段投影与多边形投影分离或线段投影在多边形投影之中，前一种情况，线段完全可见；后一种情况，线段完全隐藏或完全可见。然后通过线段中点向视点延伸，若射线与多边形相交，相应线段被多边形隐藏；否则，线段完全可见。

【算法思想】

若要判断凸多面体各表面的可见性，首先要建立各表面的向外法矢量。多边形表面的外法线矢量可由其上任意相交且不重合的两线段矢量的乘积计算得出。在计算外法线矢量时，要注意线段端点顺序，例如在图 8.1 所示的三棱柱中，其上各表面的外法线矢量的计算方式为：

(1)面 ABED 的外法线矢量 N＝AB×BE 或 N＝AB×AD；

(2)面 BCFE 的外法线矢量 N＝BC×CF；

(3)面 ADFC 的外法线矢量 N＝AD×DF；

(4)面△DEF 的外法线矢量 N＝DE×EF；

(5)面△ACB 的外法线矢量 N＝AC×CB。

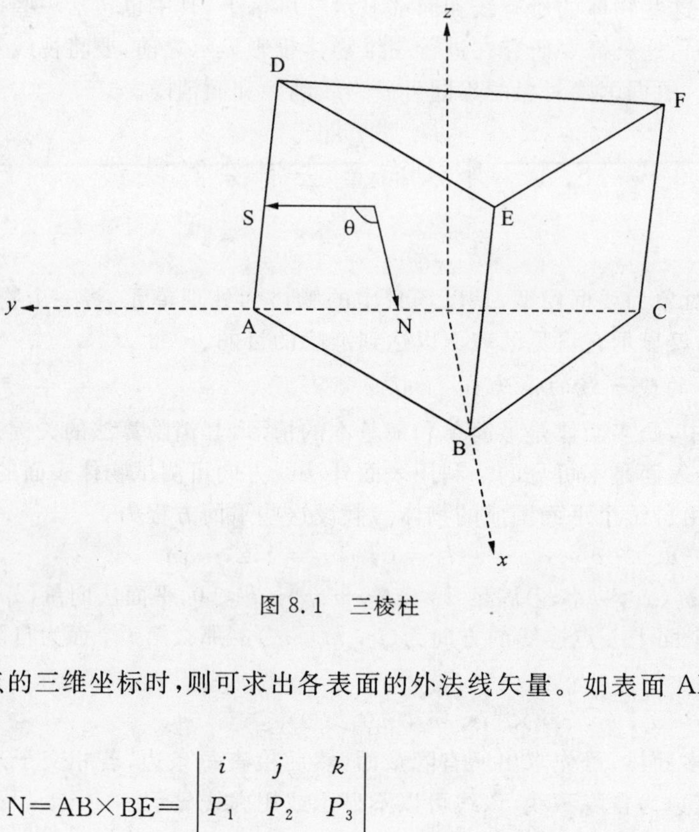

图 8.1　三棱柱

当已知各顶点的三维坐标时，则可求出各表面的外法线矢量。如表面 ABED 的外法线矢量计算公式为：

$$\mathrm{N}=\mathrm{AB}\times\mathrm{BE}=\begin{vmatrix} i & j & k \\ P_1 & P_2 & P_3 \\ Q_1 & Q_2 & Q_3 \end{vmatrix}$$

其中，$P_1 = x_B - x_A$，$P_2 = y_B - y_A$，$P_3 = z_B - z_A$，

$Q_1 = x_E - x_B$，$Q_2 = y_E - y_B$，$Q_3 = y_E - y_B$

根据上式可求出表面外法线矢量 N 的分量：

$$N = (P_2Q_3 - Q_2P_3)i + (Q_1P_3 - P_1Q_3)j + (P_1Q_2 - P_2Q_1)k$$

$$\mathrm{N}=\mathrm{N}_x i+\mathrm{N}_y j+\mathrm{N}_z k \tag{8.2}$$

表面上任一点到视点所形成的向量用 S 来表示，即视线向量：

$$S = S_x i + S_y j + S_z k \tag{8.3}$$

同一个表面各点到视点的视线向量是有差异的。在实际过程中，可假设观察者处于很远的位置，此时，视线向量相互平行，即表面各点的视线向量均为同一方向。例如在图 8.1 所示的空间坐标系中，设定视线向量 S 平行于 y 轴，此时有：

$$S = \{0,1,0\}$$

表面的外法向量 N 和视线向量 S 之间的夹角 θ 的大小可反映该法线所在表面的方位情况，由此可判断该表面的可见性。下面以图 8.1 中所示的三棱柱为例来说明 θ 角的大小和表面可见性的关系。

(1)当 $0 \leqslant \theta < 90°$ 时，即 $\cos\theta > 0$，表面面向观察者，这样的面称为朝前面，即为可见面。如图 8.1 中的面 ABED 和面 BCFE。

(2)当 $\theta = 90°$ 时，即 $\cos\theta = 0$，表面法向量与视线垂直，表面与视线平行，即表面垂直于投影平面，在投影平面上成一条直线段，也即表面处于可见与不可见的临界状态。如图 8.1 中的△ACB 和△DEF。

(3)当 $90° \leqslant \theta \leqslant 180°$ 时，则 $\cos\theta < 0$，表面背向观察者，这样的面称为背后面，观察者看不见此表面，即为不可见表面。如图 8.1 中的面 ADFC。

已知表面的外法线矢量 N 和观察者的视线向量 S，利用下式可求出 $\cos\theta$ 值或 θ 角大小：

$$N \cdot S = |N| \cdot |S| \cos\theta$$

即有：

$$\cos\theta = \frac{N \cdot S}{|N| \cdot |S|}$$

其实，θ 角的确切值并不重要，关键是要知道 θ 角是否大于或小于及等与 90°，即 $\cos\theta$ 的值是否大于或小于及等与零。即是说，根据 $\cos\theta$ 的正负号可判定表面是否可见。$\cos\theta > 0$，表示表面可见；$\cos\theta < 0$，则表示表面不可见；而 $\cos\theta = 0$，表面处于可见与不可见的临界状态，可以将其视为可见面，也可视为不可见面。

由于 $|N|$ 和 $|S|$ 恒为正值，故 $\cos\theta$ 的正负由计算 N · S 的值的符号来决定，将式(8.2)和式(8.3)代入，有：

$$N \cdot S = N_x \cdot S_x + N_y \cdot S_y + N_z \cdot S_z$$

特别地，当 $S = \{0,1,0\}$ 时，有：

$$N \cdot S = N_y$$

根据外法线方向对物体进行消隐处理的一般步骤为：

(1)求表面的外法线向量 N；

(2)计算外法线向量 N 与视线向量 S 的夹角 θ 的余弦值 $\cos\theta$ 或其符号；

(3)根据 $\cos\theta$ 值的符号判断表面可见性；

(4)表面可见时，画出其平面多边形；不可见时，不画出，处理下一个表面，直至最后一个平面。

【实现提示】

在算法实现中，应设计点表、边表和面表，以存储多面体数据。在面表中，应注意边的存储顺序，如顺时针或逆时针，以确保正确计算出该表面的外法线矢量。

【基本要求】

实现凸多面体隐藏线消除算法。

【提高要求】

实现凹多面体隐藏线消除算法。

8.2　深度缓冲区算法

【内容】

这是隐藏面消除算法，是比较简单的一种。它的基本思路是：对于显示屏上的每一个像素，记录下位于该像素最靠近观察者的那个景物面的深度坐标，同时相应记录下用来显示该景物面的颜色（或灰度），那么所有记录下的这些像素所对应的颜色就可以形成最后要输出的图形。

【算法思想】

假设观察平面与 Z 轴垂直，并且 Z 轴指向观察平面，因此离观察平面最近的表面上的像素，其 Z 值也最大。深度缓冲区算法（又称 Z 缓冲区算法）描述如下：

```
Z-Buffer ()
{
    帧缓存全置为背景色；
    深度缓存全置为最小 Z 值；
    for (每一个多边形)
    {
        扫描转换该多边形；
        for (该多边形所覆盖的每个像素(x, y))
        {
            计算该多边形在该像素的深度值 Z (x, y);
            if (Z (x, y)大于 Z 缓存在(x, y)的值)
            {
                把 Z (x, y)存入 Z 缓存中(x, y)处；
                把多边形在(x, y)处的颜色值存入帧缓存的(x, y)处；
            }
        }
    }
}
```

算法中需要的深度计算，可利用考虑的多边形表面都是平面这一情况，先通过多边形的顶点坐标求出所在平面的方程，然后再使用平面方程，对每个点(x, y)，解出相应的 z 值。

对面方程 $Ax + By + Cz + D=0$，解出 z 是：

$$z = \frac{-D - Ax - By}{C}$$

设在点(x, y)处的深度值是 z_1，则

$$\frac{-D - Ax - By}{C} = z_1$$

在点$(x + \delta x, y)$处的深度值就是

$$\frac{-D - A(x + \delta x) - By}{C} = \frac{-D - Ax - By}{C} - \frac{A}{C}\delta x = z_1 - \frac{A}{C}\delta x$$

其中，$\frac{A}{C}$是常数，取$\delta x=1$，可知在点$(x+1,y)$处的深度值是$z_1-\frac{A}{C}$，这里只需要一个减法。用这样的方法，可以较快求出需要的深度值。

Z-Buffer 算法在像素级上以近物取代远物，物体在屏幕上的出现顺序是无关紧要的，这种取代方法实现起来远比总体排序灵活简单，有利于硬件实现。然而，Z-Buffer 算法也存在缺点：占用空间大，没有利用图形的相关性与连续性。Z-Buffer 算法以简单著称，但也以占空间大而闻名。一般认为，Z-Buffer 算法需要开一个与图像大小相等的缓存数组 ZB，但通过改进，可以只用一个深度缓存变量 zb。改进后的算法如下所示：

```
Z-Buffer2 ()
{
    帧缓存全置为背景色；
    //扫描整个屏幕
    for (屏幕上的每个像素 (i, j))
    {
        深度缓存变量 zb 置最小值 MinValue；
        for(多面体上的每个多边形 Pk)
        {
            if (像素点 (i, j) 在 Pk的投影多边形之内)
            {
                计算 Pk在 (i, j) 处的深度值 depth；
                if (depth 大于 zb)
                {
                    zb=depth；
                    indexp=k；
                }
            }
        }
        if (zb ! =MinVulue)计算多边形 Pindexp在交点(i, j)处的光照颜色并显示；
    }
}
```

【实现提示】

深度缓冲区算法，以及后面的 3 个算法均为是隐藏面消除算法，要显示一个多面体，要注意各个表面应是不同的颜色或灰度值，才能区分多面体的各个表面的不同角度显示。

【基本要求】

实现深度缓冲区 Z-Buffer()算法。

【提高要求】

实现改进后的深度缓冲区 Z-Buffer2()算法。

8.3 深度排序算法(画家算法)

【内容】

深度排序算法(又称画家算法)的原理是:先把屏幕置成背景色,再把物体的各个面按其离视点的远近进行排序,离视点远者在表头,离视点近者在表尾,排序结果存在一张深度优先级表中;然后按照从表头到表尾的顺序绘制各个面。由于后显示的图形取代先显示的画面,而后显示的图形所代表的面离视点更近,所以由远及近地绘制各面,就相当于消除隐藏面。这与油画作家作画的过程类似,先画远景,再画中景,最后画近景。由于这个原因,该算法习惯上称为画家算法或列表优先算法。

【算法思想】

下面是针对多边形的深度排序算法。

假定在规范化投影坐标系 uvn 中,投影方向是 N 轴的负向,因而 n 坐标越小距观察者就越近。记 $n_{\min}(P)$和 $n_{\max}(P)$分别为多边形 P 的各个顶点 n 坐标的最小值和最大值,其算法步骤如下:

(1)将场景中所有多边形存入一个线性表(链表或数组),记为 L。

(2)如果 L 中仅有一个多边形,算法结束;否则,根据每个多边形的 $n_{\min}$对它们预排序。不妨假定多边形 P 落在表首,即 $n_{\min}(P)$为最小。再记 Q 为 $L-\{P\}$(表中其余多边形)中任意一个。

(3)判别 P 和 Q 之间的关系,有如下两种可能:

①对有的 Q,有 $n_{\min}(P)<n_{\min}(Q)$,则多边形的确距观察点最远,它不可能遮挡别的多边形。令 $L=L-|P|$,返回步骤(2)。

②存在某一个多边形 Q,使 $n_{\max}(P)>n_{\min}(Q)$,需进一步判断:

a. 若 P、Q 投影 P'、Q'的包围盒不相交,则 P、Q 在表中的次序不重要,令 $L=L-|P|$,返回步骤(2);否则,进行下一步。

b. 若 P 的所有顶点位于 Q 所在平面的不可见的一侧,则 P, Q 关系正确,令 $L=L-|P|$,返回步骤(2);否则,进行下一步。

c. 若 Q 的所有顶点位于 P 所在平面的可见的一侧,则 P, Q 关系正确,令 $L=L-|P|$,返回步骤(2);否则,进行下一步。

d. 对 P、Q 投影 P'、Q'求交,若 P'、Q'不相交,则 P、Q 在表中的次序不重要,令 $L=L-|P|$,返回步骤(2);否则,在它们所交的区域中任取一点,计算 P、Q 在该点的深度值,如果 P 的深度小,则 P、Q 的关系正确,令 $L=L-|P|$,返回步骤(2);否则,交换 P、Q,返回步骤(3)。

画家算法的优点是简单、容易实现,并且可以作为实现更复杂算法的基础。而画家算法的缺点是排序计算量大,并且不能处理多边形循环遮挡和多边形贯穿两种情况。对于这种情况,解决的办法是将其分割成两个图形,然后再进行正常处理。

【实现提示】

在设计存储多边形数据结构时,可以考虑先定义一个结构来存储顶点坐标;其次,定义一个多边形对象类 CPline,根据多边形顶点的个数,进行动态分配存储空间。在创建这些多边形对象时,得到指向这个对象的指针。再建立一个指针数组来管理这些指针,以达到管理这些多边形对象的目的。

【基本要求】

实现针对多边形的深度排序算法(画家算法)。

【思考题】

上述算法中涉及到两个多边形的求交计算,这是三维空间两个多边形的求交计算,还是投影到某个平面上的二维多边形的求交计算?怎么实现?

8.4 扫描线算法

【内容】

扫描线算法在实质上可以说是深度缓冲器算法的一种延伸。假如在屏幕的分区中采用仅在 Y 方向(高的方向)细分,而在 X 方向不分,那么整个显示屏幕将分成许多狭长的子区。如果在 Y 方向是以像素为单位细分,那么这样得到的每个子区就是一条线,称之为"扫描线"。

扫描线算法的基本思路:当包含一条扫描线的水平平面(称之为扫描线平面)与景物中的立体相交时,组成立体的诸表面与该扫描线平面相交而形成若干条截交线段,如图 8.2(a)所示,这些截交线段把整条扫描线分割成一些间隔,如图 8.2(b)所示。

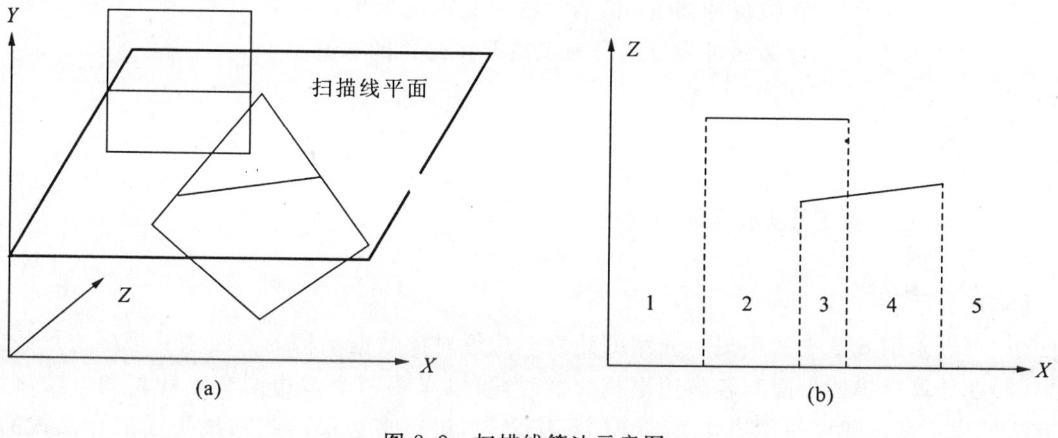

图 8.2 扫描线算法示意图

在扫描线平面 XZ 内,按间隔比较各线段距离视点的远近,距离视点近的线段部分的或全部的遮挡住距离视点远的线段。用这样的方法确定线段的可见部分,也就是确定了立体表面的可见部分。

在扫描线上形成的间隔可以分为 3 类:

(1)不包含任何截交线段的间隔,如图 8.2(b)中的间隔 1 和 5。对于这类间隔,就以背景色来显示该区域。

(2)其中只包含有一条线段的间隔,如 8.2(b)中的间隔 2 和 4。很明显,由于位于这类间隔内的线段是唯一的,因此必然是可见的,于是在这类间隔内的区域就应显示该线段所在表面的颜色。

(3)同时存在多条线段的间隔,如 8.2(b)中的间隔 3。在这种情况下,需要经过计算和比较,在众多的线段中找出距离视点最近的那条线段,也就是 Z 值最小的线段。然后在这类间隔的区域内，显示这条处于最前面的线段所在表面的颜色。

算法从上至下地逐条处理扫描线，判别完所有扫描线平面内线段的可见部分，并显示它们，则立体的隐藏面也就得到了处理。

【算法思想】

扫描线算法描述如下：

```
for (各条扫描线)
{
    将帧缓冲器 I(x)置为背景色；
    将 Z 缓冲器的 z(x)置为最小值；
    for (每个多边形)
    {
        求出多边形在投影平面上的投影与当前扫描线的相交区间；
        for (该区间内的每个像素)
        {
            if (多边形在此处的 z 值大于 z(x))
            {
                置帧缓冲器 I(x)值为当前多边形的颜色；
                置 Z 缓冲器 z(x)值为多边形在此处的 z 值；
            }
        }
    }
    用帧缓冲器 I(x)显示当前扫描线；
}
```

【实现提示】

(1)可以采用 8.3 中实现提示介绍的建立多边形对象数据结构的方法来管理多边形数据。

(2)在计算扫描线平面与各多边形相交线时，可以采用两个多边形交点计算的方法，但这种方法效率不高。建议使用边相关填充的算法思想，进行多边形与扫描线平面的相交线的判断。

【基本要求】

实现扫描线算法。

【思考题】

如何组织 Z 缓冲器的数据结构？

8.5 区域细分算法

【内容】

区域细分算法，是利用图形的区域连贯性，在连续的区域上确定可见面及其颜色、亮度。该算法亦可称为区域采样算法或 Warnock 算法。区域细分算法的基本思路是：对图形显示屏幕采取递归细分的办法，以产生大小不等的窗口，使得落在该窗口内的图形变得相当简单，以至于能够轻易地决定其现实情况。

当窗口内只包含有一个多边形表面或者根本就不包含任何多边形表面时，那么决定该窗口内显示的颜色值是相当简单的。但是当窗口内同时包含有几个相互交叉重叠的多边形表面时，输出情况的决定就变得相对复杂。此时，就必须对这样的窗口进行分割，使其细分为 4 个大小相等的子窗口，然后根据同样的原则判断这些子窗口内的图形情况，以决定哪些子窗口内的图形可以显示，哪些子窗口还必须进一步地再细分，并如此不断的进行下去，直到窗口内图形足够简单，可以直接显示为止。

【算法思想】

区域细分算法步骤如下。

(1)观察整个窗口区域，判断窗口是否足够简单，可考虑以下两个方面：一是窗口内无任何可见图形；二是窗口已被一个可见面完全填充。

(2)将非单纯的窗口四等分为 4 个窗口，对每个窗口再进一步判断是否单纯的，重复分割和判断，直到窗口单纯或窗口边长已缩至一个像素为止。即使屏幕分辨率为 1 024×1 024 像素，视图被细分 10 次后，就能使每个窗口覆盖一个像素。

其中，判断窗口是否足够简单为算法的关键步骤，如图 8.3 所示，我们可以对每个窗口进行如下判断。

(1)窗口为空，即多边形与窗口的关系是分离的，见图 8.3(a)。

(2)窗口内仅含一个多边形，即有一个多边形的关系是包含或相交。此时先对多边形投影进行裁剪，再对裁剪结果进行填充，见图 8.3(b)。

(3)有一个多边形的投影包围了窗口，并且它是最靠近观察点的，以该多边形颜色填充窗口，见图 8.3(c)。

(4)有多于一个包围的、相交的或被包围的多边形，且至少有一个包围的多边形。这时，可以检查是否能有一个包围的多边形位于所有其他多边形的前面。如果有，就可以让整个区域都填充为这个多边形的像素值，见图 8.3(d)。

若不满足以上情况，则将继续细分该窗口，直到满足以上测试为止。

对于分离和包围多边形的判断通常有 3 种判别方法：射线检查法、转角累计检查法和区域检查法。

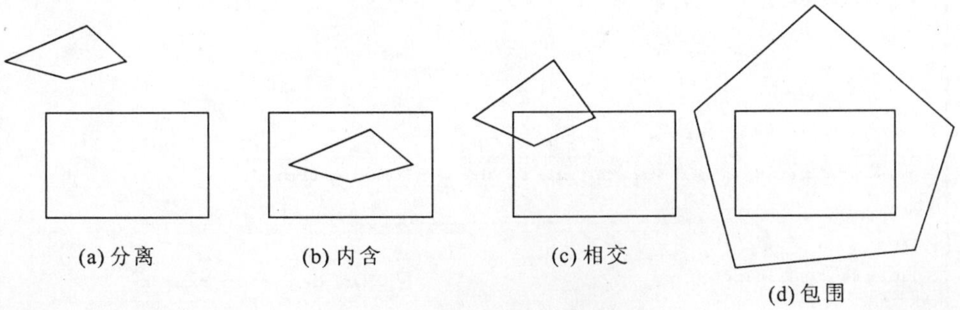

图 8.3 分析观察窗口与投影后多边形之间的关系

【实现提示】

(1)可以采用 8.3 中实现提示介绍的建立多边形对象数据结构的方法来管理多边形数据。

(2)可以设计一个堆栈,算法一开始,就将整个屏幕窗口信息入栈。当需要细分窗口时,把当前窗口分割成的 4 个窗口信息:(x, y, s),$(x+s, y, s)$,$(x, y+s, s)$,$(x+s, y+s, s)$压入堆栈中。窗口信息中的前两个数分别表示窗口左上角点的 X 坐标和 Y 坐标,第 3 个数据 s 表示窗口的大小。当需要用一个新窗口进行判断时,就从堆栈中出栈获得窗口信息,进行该窗口的判断。重复入栈、出栈操作,并进行相应判断处理,直到堆栈为空,则算法结束。

【基本要求】

实现区域细分算法。

【思考题】

在进行窗口与多边形之间的关系判断时,当窗口与一个多边形相交、或多边形包围窗口时,我们都需要计算窗口与多边形的交点,并对多边形裁剪以后,再进行进一步的判断和处理,为什么?

8.6 实　例

(1)新建一个单文档 MFC 工程,工程名为“HideLine”,如图 8.4 和图 8.5 所示。

(2)添加菜单资源,如图 8.6 所示,菜单的“Caption”和“ID”如表 8.1 所示。

(3)为菜单添加相应的“CHideLineView”类消息处理函数,如表 8.2 所示。

(4)为“CInteractiveView”类添加“OnKeyDown”、“OnMouseWheel”消息处理函数,如表 8.3 所示。

(5)添加对话框资源,页面布局如图 8.7 所示。进行对话框设置、控件设置,并为对话框添加相应的类“SetParamDlg”,在该类中添加相应的变量,见表 8.4、表 8.5 和表 8.6。

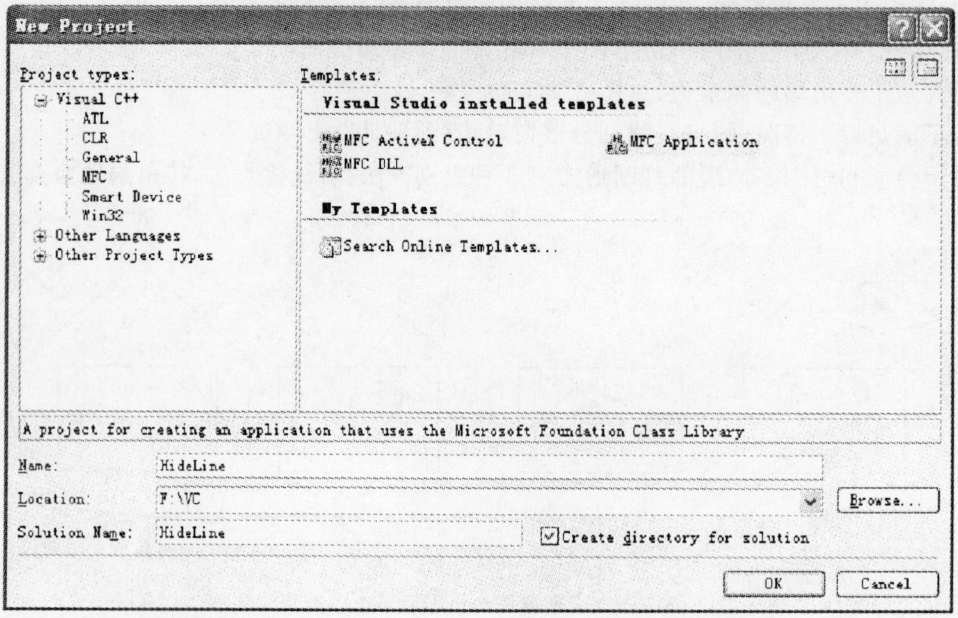

图 8.4　输入工程名“HideLine”

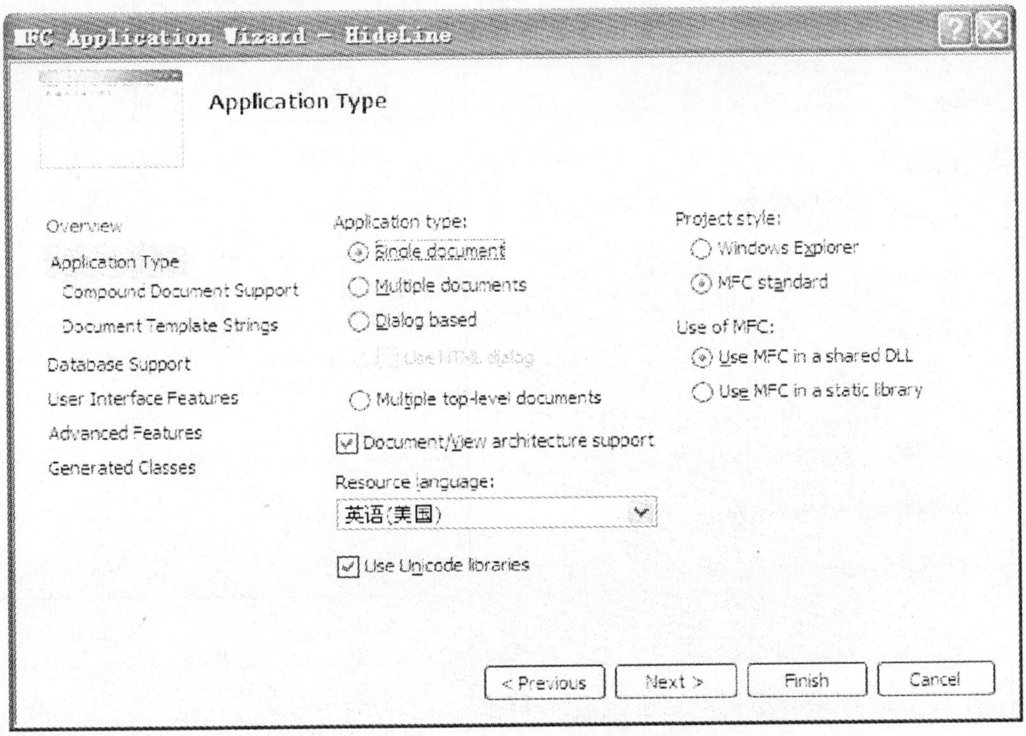

图 8.5 选择应用程序类型为单文档 MFC 工程

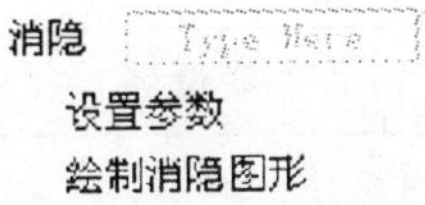

图 8.6 菜单设计

表 8.1 菜单 Caption 和菜单 ID

菜单 Caption	菜单 ID
设置参数	ID_SetParam
绘制消隐图形	ID_DrawHideLine

表 8.2 菜单对应的消息处理函数

菜单 ID	消息类型	消息处理函数
ID_SetConstraintLimit	COMMAND	OnSetparam
ID_SetGridSize	COMMAND	OnDrawhideline

表 8.3 鼠标消息处理函数

消息名称	消息处理函数
WM_KEYDOWN	OnKeyDown
WM_MOUSEWHEEL	OnMouseWheel

表 8.4 对话框设置

对话框 ID	对话框 Caption
IDD_SetParam	设置参数

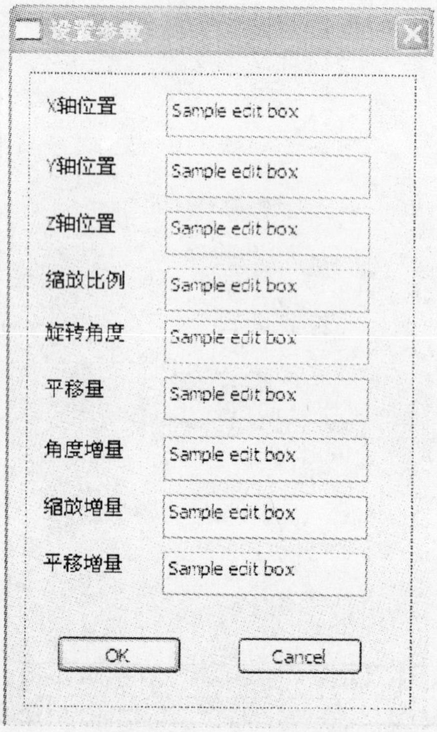

图 8.7　输入参数对话框

表 8.5　控件设置

控件名称	控件 ID
X 轴位置	IDC_X
Y 轴位置	IDC_Y
Z 轴位置	IDC_Z
缩放比例	IDC_S
旋转角度	IDC_Angle
平移量	IDC_T
角度增量	IDC_Angle_Inc
缩放增量	IDC_S_Inc
平移增量	IDC_T_Inc

表 8.6　对控件类添加相应的变量

ID	变量类型	变量名
IDC_X	float	m_x
IDC_Y	float	m_y
IDC_Z	float	m_z
IDC_S	float	m_s
IDC_Angle	float	m_angle
IDC_T	float	m_t
IDC_Angle_Inc	float	m_angle_inc
IDC_S_Inc	float	m_s_inc
IDC_T_Inc	float	m_t_inc

(6)添加类“MyStruct”,用以实现点和面,具体代码如下。

```
//MyStruct.h: interface for the MyStruct class.
# pragma once
# include <vector>
```

```
using namespace std;
class MyPoint3D
{ //  点
public:
    MyPoint3D(float x,float y,float z)
    { this->x=x;
      this->y=y;
      this->z=z;
    }
public:
    float x;
    float y;
    float z;
};
class MyFace3D
{ //  面
public:
    vector<int> vPoints; //  记录面的点
};
```

(7)添加算法类“MyMath”,用以实现算法,具体代码如下。

```
//MyMath.h: interface for the MyMath class.
# pragma once
# include "MyStruct.h"
class MyMath
{ //  面的法向量 n:由个点确定
  //  视线向量 s:由观察点和表面一点确定,比如沿 Z 负轴(0,0,-1)
public:
    //  计算法向量 n
    static void NVector(MyPoint3D p1,MyPoint3D p2,MyPoint3D p3,float &n1,float &n2,float
&n3);
    //  计算视线向量 s
    static void SVector(MyPoint3D p1,MyPoint3D p2,float &s1,float &s2,float &s3);
    //  计算 NS 乘积
    static float NSProduct(float n1,float n2,float n3,float s1,float s2,float s3);
};
//MyMath.cpp: implementation of the MyMath class.
# include"stdafx.h"
# include"MyMath.h"
void MyMath::NVector(MyPoint3D p1,MyPoint3D p2,MyPoint3D p3,float &n1,float &n2,float
```

```
&n3)
    {  float x1=p1.x,y1=p1.y,z1=p1.z;
       float x2=p2.x,y2=p2.y,z2=p2.z;
       float x3=p3.x,y3=p3.y,z3=p3.z;
       float P1,P2,P3,Q1,Q2,Q3;
       P1=x2-x1;
       P2=y2-y1;
       P3=z2-z1;
       Q1=x3-x2;
       Q2=y3-y2;
       Q3=z3-z2;
       n1=(P2 * Q3-Q2 * P3);
       n2=(Q1 * P3-P1 * Q3);
       n3=(P1 * Q2-Q1 * P2);
    }
    void MyMath::SVector(MyPoint3D p1,MyPoint3D p2,float &s1,float &s2,float &s3)
    {  s1=p2.x-p1.x;
       s2=p2.y-p1.y;
       s3=p2.z-p1.z;
    }
    float MyMath::NSProduct(float n1,float n2,float n3,float s1,float s2,float s3)
    {        return n1 * s1+n2 * s2+n3 * s3;
    }
```

(8)添加算法类“MyTransform”,用以实现几何变换,具体代码如下。

```
//MyTransform.h: interface for the MyTransform class.
# pragma once
# include"MyStruct.h"
# define PI 3.1415926f
typedef double Matrix4x4[4][4];//三维几何变换矩阵,投影变换矩阵
typedef enum
{  Translate_Rotate_Scale,
   Translate_Scale_Rotate,
   Rotate_Translate_Scale,
   Rotate_Scale_Translate,
   Scale_Translate_Rotate,
   Scale_Rotate_Translate
}TransformTag;
class MyTransform
{
```

```
public:
    MyTransform();
    virtual ~MyTransform();
    //  3D Geometric  Transformation  基本几何变换 反射变换 错切变换
private:
    Matrix4x4 matComposite3D; //  复合变换矩阵
public:
    void LoadIdentity(); //  设置复合变换矩阵为单位矩阵
private:
    void Matrix4x4SetIdentify(Matrix4x4 matIdent4x4); //  设置 x4 单位矩阵
    void Matrix4x4PreMultify(Matrix4x4 m1,Matrix4x4 m2); // m2=m1xm2
public:
    void Translate3D(double Tx,double Ty,double Tz); //  平移变换
    void Rotate3D(MyPoint3D A,MyPoint3D B,double theta); //  旋转变换
    void Scale3D(MyPoint3D P,double Sx,double Sy,double Sz); //  缩放变换
    //缩放—旋转—平移
public: // 6 kinds of Transformation
    void TranslateRotateScale3D(int nTransformTag,
    double Tx,double Ty,double Tz,
    MyPoint3D A,MyPoint3D B,double theta,
    MyPoint3D P,double Sx,doub. Sy,double Sz);
public: // 6 kinds of Transformation
    double AngleToRadian(double theta); //  角度转换为弧度
    void Transform_3DPoint(MyPoint3D &p); //  变换一个 D 顶点
    void Transform_3DPoints(vector<MyPoint3D> &vPts); //  变换多个 D 顶点
};
//MyTransform.cpp: implementation of the MyTransform class.
# include"stdafx.h"
# include"MyTransform.h"
# include<cmath>
MyTransform::MyTransform()
{
}
MyTransform::~MyTransform()
{
}
void MyTransform::LoadIdentity() //  设置复合变换矩阵为单位矩阵
{  int row,col;
   for (row=0;row<4;row++)
```

```
        for (col=0;col<4;col++)
            matComposite3D[row][col]=(row==col);
}
void MyTransform::Matrix4x4SetIdentify(Matrix4x4 matIdent4x4)  //  设置 4x4 单位矩阵
{   int row,col;
    for (row=0;row<4;row++)
        for (col=0;col<4;col++)
            matIdent4x4[row][col]=(row==col);
}
void MyTransform::Matrix4x4PreMultify(Matrix4x4 m1,Matrix4x4 m2)  // m2=m1xm2
{   Matrix4x4 temp;
    int row,col;
    for (row=0;row<4;row++)
    for (col=0;col<4;col++)
    temp[row][col]=m1[row][0] * m2[0][col]+m1[row][1] * m2[1][col]+m1[row][2] * m2[2]
    [col]+m1[row][3] * m2[3][col];
    for (row=0;row<4;row++)
    for (col=0;col<4;col++)
    m2[row][col]=temp[row][col];
}
void MyTransform::Translate3D(double Tx,double Ty,double Tz)  //  平移变换
{   Matrix4x4 matTranslate;
    Matrix4x4SetIdentify(matTranslate);
    matTranslate[0][3]=Tx;
    matTranslate[1][3]=Ty;
    matTranslate[2][3]=Tz;
    Matrix4x4PreMultify(matTranslate,matComposite3D);
}
void MyTransform::Rotate3D(MyPoint3D A,MyPoint3D B,double theta)  //  旋转变换
{   double
axisVectorLength=sqrt((B.x-A.x) * (B.x-A.x)+(B.y-A.y) * (B.y-A.y)+(B.z-A.z) * (B.z-A.z));
     double cosA=cos(theta);
     double oneC=1-cosA;
     double sinA=sin(theta);
     double ux=(B.x-A.x)/axisVectorLength;
     double uy=(B.y-A.y)/axisVectorLength;
     double uz=(B.z-A.z)/axisVectorLength;
     //1step
     Translate3D(-A.x,-A.y,-A.z);
```

```
    //2step
    Matrix4x4 matQuatRot;
    Matrix4x4SetIdentify(matQuatRot);
    matQuatRot[0][0]=ux * ux * oneC+cosA;
    matQuatRot[0][1]=ux * uy * oneC-uz * sinA;
    matQuatRot[0][2]=ux * uz * oneC+uy * sinA;
    matQuatRot[1][0]=uy * ux * oneC+uz * sinA;
    matQuatRot[1][1]=uy * uy * oneC+cosA;
    matQuatRot[1][2]=uy * uz * oneC-ux * sinA;
    matQuatRot[2][0]=uz * ux * oneC-uy * sinA;
    matQuatRot[2][1]=uz * uy * oneC+ux * sinA;
    matQuatRot[2][2]=uz * uz * oneC+cosA;
    Matrix4x4PreMultify(matQuatRot,matComposite3D);
    // 3step
    Translate3D(A.x,A.y,A.z);
}
void MyTransform::Scale3D(MyPoint3D P,double Sx,double Sy,double Sz)  //  缩放变换
{  Matrix4x4 matScale;
   Matrix4x4SetIdentify(matScale);
   matScale[0][0]=Sx;
   matScale[0][3]=P.x * (1-Sx);
   matScale[1][1]=Sy;
   matScale[1][3]=P.y * (1-Sy);
   matScale[2][2]=Sz;
   matScale[2][3]=P.z * (1-Sz) ;
   Matrix4x4PreMultify(matScale,matComposite3D);
}
//  缩放—旋转—平移
void MyTransform::TranslateRotateScale3D(int nTransformTag, double Tx,double Ty,double Tz,
    MyPoint3D A,MyPoint3D B,double theta, MyPoint3D P,double Sx,double Sy,double Sz)
{  theta=AngleToRadian(theta);  //  先转为弧度
   switch (nTransformTag)
   {  case Translate_Rotate_Scale:
           Translate3D(Tx,Ty,Tz);
           Rotate3D(A,B,theta);
           Scale3D(P,Sx,Sy,Sz);
           break;
      case Translate_Scale_Rotate:
           Translate3D(Tx,Ty,Tz);
```

```
            Scale3D(P,Sx,Sy,Sz);
            Rotate3D(A,B,theta);
            break;
        case Rotate_Translate_Scale:
            Rotate3D(A,B,theta);
            Translate3D(Tx,Ty,Tz);
            Scale3D(P,Sx,Sy,Sz);
            break;
        case Rotate_Scale_Translate:
            Rotate3D(A,B,theta);
            Scale3D(P,Sx,Sy,Sz);
            Translate3D(Tx,Ty,Tz);
            break;
        case Scale_Translate_Rotate:
            Scale3D(P,Sx,Sy,Sz);
            Translate3D(Tx,Ty,Tz);
            Rotate3D(A,B,theta);
            break;
        case Scale_Rotate_Translate:
            Scale3D(P,Sx,Sy,Sz);
            Rotate3D(A,B,theta);
            Translate3D(Tx,Ty,Tz);
            break;
        default:
            break;
    }
}
double MyTransform::AngleToRadian(double theta)
{   return theta * PI/180;
}
void MyTransform::Transform_3DPoint(MyPoint3D &p)
{   double tempX,tempY;
    tempX=matComposite3D[0][0] * p.x + matComposite3D[0][1] * p.y + matCompo-
    site3D[0][2] * p.z+matComposite3D[0][3];
    tempY=matComposite3D[1][0] * p.x + matComposite3D[1][1] * p.y + matCompo-
    site3D[1][2] * p.z+matComposite3D[1][3];
    p.z=matComposite3D[2][0] * p.x+matComposite3D[2][1] * p.y+matComposite3D[2]
    [2] * p.z+matComposite3D[2][3];
    p.x=tempX;
```

```
        p.y=tempY;
    }
void MyTransform::Transform_3DPoints(vector<MyPoint3D> &vPts)
{   int numOfPoint=(int)vPts.size();
    for(int i=0;i<numOfPoint;i++)
        Transform_3DPoint(vPts[i]);
}
```

(9)添加 My3DObject 类，具体代码如下。

```
# pragma once
# include <vector>
# include "MyStruct.h"
# include "MyTransform.h"
# include "MyMath.h"
using namespace std;
# define DEFAULT_X 1   //  X 轴默认位置
# define DEFAULT_Y 2   //  Y 轴默认位置
# define DEFAULT_Z 3   //  Z 轴默认位置
# define DEFAULT_TRANSLATE 200   //  默认平移量
# define DEFAULT_SCALE   50  //  默认缩放比例
# define DEFAULT_ANGLE 45   //  默认旋转角度
# define DEFAULT_TRANSLATE_INC 10   //  默认平移增量
# define DEFAULT_ANGLE_INC 0.1f   //  默认角度增量
# define DEFAULT_SCALE_INC 5   //  默认缩放增量
class My3DObject
{   //  构建一个长方体
public:
    My3DObject();
    virtual~My3DObject();
    void Initialize(float x,float y,float z);   //  初始化 X、Y、Z 轴默认位置
private:
    float m_x,m_y,m_z;   //  X、Y、Z 轴位置
private:
    void Initialize3DPoint(float x,float y,float z);   //  初始化点
    void Initialize3DFace();   //  初始化面
public:
    void Transform(double Tx,double Ty,double Tz,
        MyPoint3D A,MyPoint3D B,double theta,
        MyPoint3D P,double Sx,double Sy,double Sz);   //  几何变换(完整版)
    void Transform(double T,double S,double theta);   //  几何变换(精简版)
```

```
    void Draw(CDC * pDC);  //  绘制消隐后的长方体
private:
    bool IsFaceVisible(MyFace3D f);  //  判断面是否可见
    void DrawFace(CDC * pDC,MyFace3D f,int nStyle,int nWidth,COLORREF color);  //
        绘制面
    void DrawLine(CDC * pDC,CPoint p1,CPoint p2,int nStyle,int nWidth,COLORREF col-
        or);//  绘制线
private:
    vector<MyPoint3D> vPoint3D;  //  存放长方体的个顶点
    vector<MyFace3D>  vFace3D;  //  存放个面
};
// My3DObject.cpp: implementation of the My3DObject class.
# include"stdafx.h"
# include"My3DObject.h"
// # include"MyTransform.h"
// # include"MyMath.h"
My3DObject::My3DObject()
{  //  初始化 XYZ 轴默认位置
   this->m_x=DEFAULT_X;
   this->m_y=DEFAULT_Y;
   this->m_z=DEFAULT_Z;
}
My3DObject::~ My3DObject()
{
}
void My3DObject::Initialize3DPoint(float x,float y,float z)
{  //  构建一个长方体 x=1,y=2,z=3
   vPoint3D.clear();
   vPoint3D.push_back(MyPoint3D(0,0,0));
   vPoint3D.push_back(MyPoint3D(x,0,0));
   vPoint3D.push_back(MyPoint3D(x,y,0));
   vPoint3D.push_back(MyPoint3D(0,y,0));
   vPoint3D.push_back(MyPoint3D(0,0,z));
   vPoint3D.push_back(MyPoint3D(x,0,z));
   vPoint3D.push_back(MyPoint3D(x,y,z));
   vPoint3D.push_back(MyPoint3D(0,y,z));
}
void My3DObject::Initialize3DFace()
{  //  初始化面
```

```
    vFace3D.clear();
    MyFace3D f;
    int i;
    int pts1[5]={0,3,2,1,0};
    f.vPoints.clear();
    for(i=0;i<5;i++)  f.vPoints.push_back(pts1[i]);
    vFace3D.push_back(f);
    int pts2[5]={4,5,6,7,4};
    f.vPoints.clear();
    for(i=0;i<5;i++)  f.vPoints.push_back(pts2[i]);
    vFace3D.push_back(f);
    int pts3[5]={1,2,6,5,1};
    f.vPoints.clear();
    for(i=0;i<5;i++)  f.vPoints.push_back(pts3[i]);
    vFace3D.push_back(f);
    int pts4[5]={0,4,7,3,0};
    f.vPoints.clear();
    for(i=0;i<5;i++)  f.vPoints.push_back(pts4[i]);
    vFace3D.push_back(f);
    int pts5[5]={2,3,7,6,2};
    f.vPoints.clear();
    for(i=0;i<5;i++)  f.vPoints.push_back(pts5[i]);
    vFace3D.push_back(f);
    int pts6[5]={0,1,5,4,0};
    f.vPoints.clear();
    for(i=0;i<5;i++)  f.vPoints.push_back(pts6[i]);
    vFace3D.push_back(f);
}
void My3DObject::Initialize(float x,float y,float z)
{   this->m_x=x;
    this->m_y=y;
    this->m_z=z;
    Initialize3DPoint(x,y,z);  //  初始化顶点
    Initialize3DFace();  //  初始化面
}
void My3DObject::Transform(double T,double S,double theta)
{   MyPoint3D A(0,0,0),B(this->m_x,this->m_y,this->m_z),P(0,0,0);
    Transform(T,T,T,A,B,theta,P,S,S,S);
}
```

```
void My3DObject::Transform(double Tx,double Ty,double Tz, MyPoint3D A,MyPoint3D B,
    double theta,MyPoint3D P,double Sx,double Sy,double Sz)
{   //进行几何变换
    MyTransform my;
    my.LoadIdentity();   //  设置当前矩阵为单位矩阵
    my.Scale3D(P,Sx,Sy,Sz);   //  比例变换
    my.Rotate3D(A,B,theta);   //  旋转变换
    my.Translate3D(Tx,Ty,Tz);   //  平移变换
    my.Transform_3DPoints(vPoint3D);   //  进行变换
}
void My3DObject::DrawLine(CDC *pDC,CPoint p1,CPoint p2,int nStyle,int nWidth,COLOR-
REF color)
{   CPen newPen(nStyle,nWidth,color);   //  创建新画笔
    CPen *pOldPen=pDC->SelectObject(&newPen);   //  保存旧画笔
    pDC->MoveTo(p1);   //  绘制线
    pDC->LineTo(p2);
    pDC->SelectObject(pOldPen);   //  恢复旧画笔
}
bool My3DObject::IsFaceVisible(MyFace3D f)
{   int ptNum=f.vPoints.size();
    if (ptNum<3) return false;
    int pos1=f.vPoints[0];
    int pos2=f.vPoints[1];
    int pos3=f.vPoints[2];
    MyPoint3D p1=vPoint3D[pos1];
    MyPoint3D p2=vPoint3D[pos2];
    MyPoint3D p3=vPoint3D[pos3];
    //  计算N向量
    float n1,n2,n3;
    float s1,s2,s3;
    MyMath::NVector(p1,p2,p3,n1,n2,n3);   //  p1 p2 p3 必须逆时针组织
    MyMath::SVector(MyPoint3D(0,0,0),MyPoint3D(0,0,1),s1,s2,s3);   //  视线向量
    float ret=MyMath::NSProduct(n1,n2,n3,s1,s2,s3);
    if (ret>0)//该面可见
    {   return true;
    }
    else if (ret==0.0)   //  该面变成一条线(临界状态)
    {   return true;
    }
```

```
    else  //  不可见
    {  return false;
    }
}
void My3DObject::DrawFace(CDC * pDC,MyFace3D f,int nStyle,int nWidth,COLORREF color)
{  int ptNum=f.vPoints.size();
    for (int i=0;i<ptNum-1;i++)
    {  int pos1=f.vPoints[i];
        int pos2=f.vPoints[i+1];
        MyPoint3D start=vPoint3D[pos1];
        MyPoint3D end=vPoint3D[pos2];
        DrawLine(pDC,CPoint(start.x,start.y),CPoint(end.x,end.y),nStyle,nWidth,color);
    }
}
void My3DObject::Draw(CDC * pDC)
{  int faceNum=vFace3D.size();
    for (int i=0;i<faceNum;i++)
    {  MyFace3D f=vFace3D[i];
        if (IsFaceVisible(f))  DrawFace(pDC,f,PS_SOLID,2,RGB(255,0,0));  //  面可见
        else  DrawFace(pDC,f,PS_DOT,1,RGB(0,0,0));  //面不可见
    }
}
```

(10)在“CInteractiveView. h”中添加代码如下。

```
# include"My3DObject.h"
class CHideLineView : public CView
{
public:
      void Init()
      {  //  参数初始化
          m_x=DEFAULT_X;
          m_y=DEFAULT_Y;
          m_z=DEFAULT_Z;
          m_t=DEFAULT_TRANSLATE;
          m_s=DEFAULT_SCALE;
          m_angle=DEFAULT_ANGLE;
          m_t_inc=DEFAULT_TRANSLATE_INC;
          m_s_inc=DEFAULT_SCALE_INC;
          m_angle_inc=DEFAULT_ANGLE_INC;
```

```
        m_bDraw=false;
    }
public:
    My3DObject m_obj;
    float m_x,m_y,m_z;  //  X,Y,Z 轴位置
    float m_t;  //  平移量
    float m_s;  //  缩放比例
    float m_angle;  //  绕立方体对角线旋转角度
    float m_t_inc;  //  平移增量
    float m_s_inc;  //  缩放增量
    float m_angle_inc;  //  角度增量
    bool m_bDraw;  //  是否绘制
}
```

(11)在"CInteractiveView. cpp"中添加代码如下。

1)添加头文件。

```
# include "SetParamDlg.h"
```

2)初始化参数。

```
CHideLineView::CHideLineView()
{   Init();  //  参数初始化
}
```

3)添加菜单对应的消息处理函数。

```
void CHideLineView::OnSetparam()
{   SetParamDlg dlg;
    dlg.m_x=m_x;
    dlg.m_y=m_y;
    dlg.m_z=m_z;
    dlg.m_s=m_s;
    dlg.m_angle=m_angle;
    dlg.m_t=m_t;
    dlg.m_s_inc=m_s_inc;
    dlg.m_angle_inc=m_angle_inc;
    dlg.m_t_inc=m_t_inc;
    if (dlg.DoModal())
    {  //  获取参数
        m_x=dlg.m_x;
        m_y=dlg.m_y;
        m_z=dlg.m_z;
        m_s=dlg.m_s;
        m_angle=dlg.m_angle;
```

```
        m_t=dlg.m_t;
        m_s_inc=dlg.m_s_inc;
        m_angle_inc=dlg.m_angle_inc;
        m_t_inc=dlg.m_t_inc;
    }
}
void CHideLineView::OnDrawhideline()
{   m_bDraw=true;
    Invalidate(TRUE);  //  重绘视图
}
```

4)添加“OnKeyDown”和“OnMouseWheel”消息处理函数。

```
void CHideLineView::OnKeyDown(UINT nChar, UINT nRepCnt, UINT nFlags)
{  //  <1>上下键:旋转角度<2>左右键:进行平移<3>鼠标滚轮:进行缩放
      switch (nChar)
      {
      case VK_UP:  //  上下键:旋转角度
            m_angle+=m_angle_inc;
            Invalidate(TRUE);  //  重绘视图
            break;
      case VK_DOWN:
            m_angle-=m_angle_inc;
            Invalidate(TRUE);  //  重绘视图
            break;
      case VK_LEFT:  //  左右键:进行平移
            m_t-=m_t_inc;
            Invalidate(TRUE);  //  重绘视图
            break;
      case VK_RIGHT:
            m_t+=m_t_inc;
            Invalidate(TRUE);  //  重绘视图
            break;
      default:
            break;
      }
            CView::OnKeyDown(nChar, nRepCnt, nFlags);
}
BOOL CHideLineView::OnMouseWheel(UINT nFlags, short zDelta, CPoint pt)
{  //  鼠标滚轮:进行缩放(zDelta向前转正,向后转负)
        if (zDelta>0)   m_s+=m_s_inc;
```

```
        else    m_s-=m_s_inc;
        Invalidate(TRUE);  //  重绘视图
        return CView::OnMouseWheel(nFlags, zDelta, pt);
}
```

5)在“OnDraw”中添加代码如下：

```
void CHideLineView::OnDraw(CDC * pDC)
{  CHideLineDoc * pDoc=GetDocument();
   ASSERT_VALID(pDoc);
   if (! pDoc)   return;
   if (m_bDraw)
   {  //  绘制消隐后的图形
      CString strInfo("<1>上下键:旋转角度<2>左右键:进行平移<3>鼠标滚轮:进
      行缩放");
      pDC->TextOut(10,10,strInfo);
      m_obj.Initialize(m_x,m_y,m_z);
      m_obj.Transform(m_t,m_s,m_angle);
      m_obj.Draw(GetDC());
   }
}
```

(12)按 Ctrl+F5 运行程序如图 8.8～图 8.12 所示。

(1)设置参数见图 8.8。

(2)绘制消隐图形见图 8.9。

(3)使用←→键移动图形见图 8.10。

(4)使用鼠标滚轮缩放图形见图 8.11。

(5)使用↑↓键旋转图形见图 8.12。

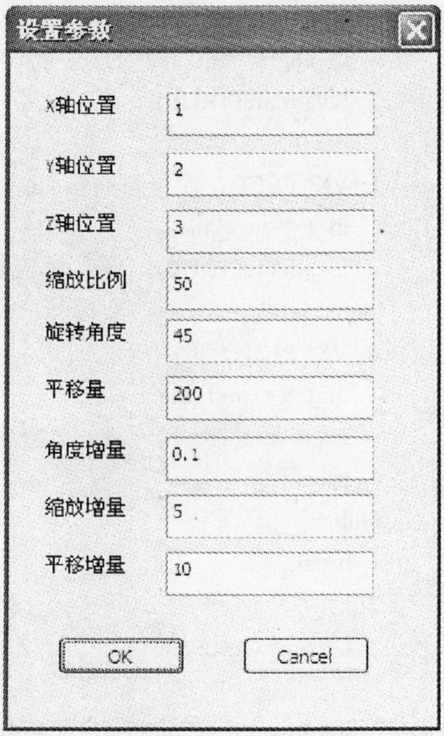

图 8.8　设置参数

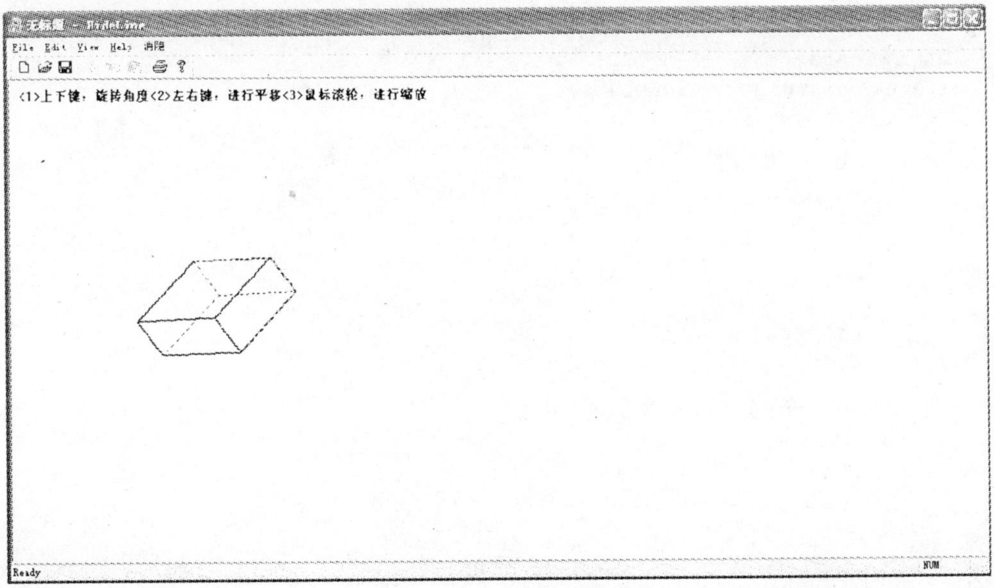

图 8.9　绘制消隐图形

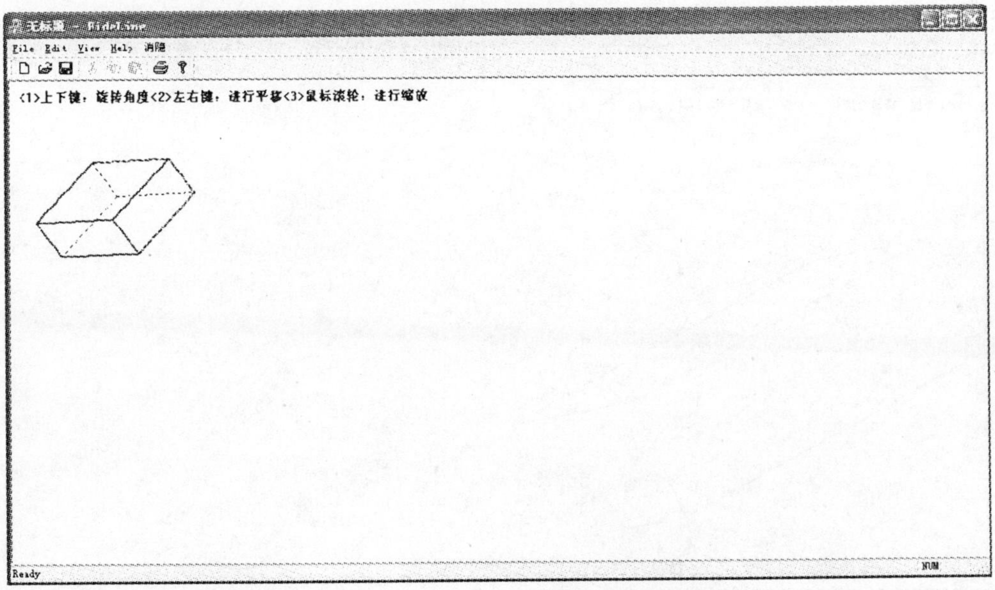

图 8.10　使用←→键移动图形

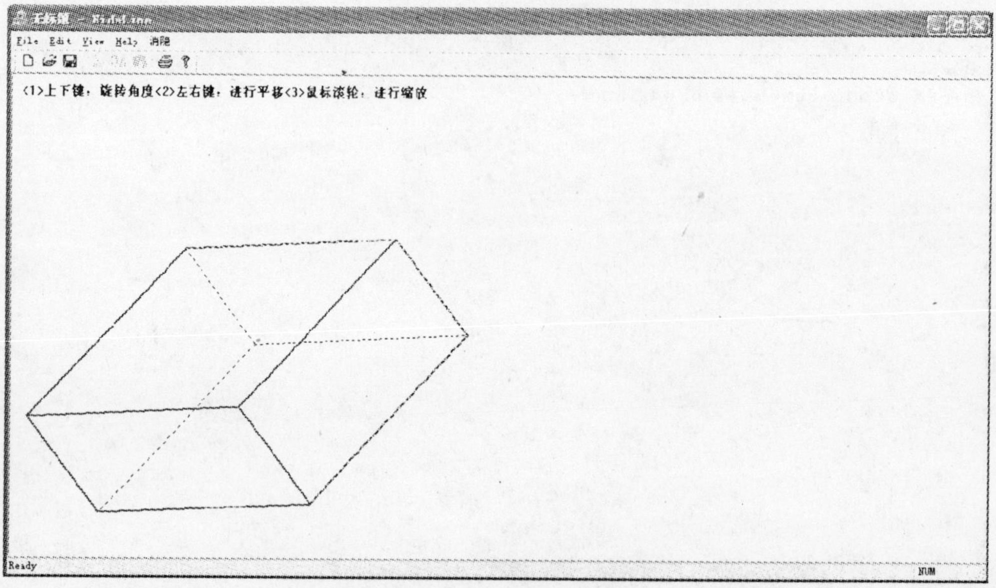

图 8.11　使用鼠标滚轮缩放图形

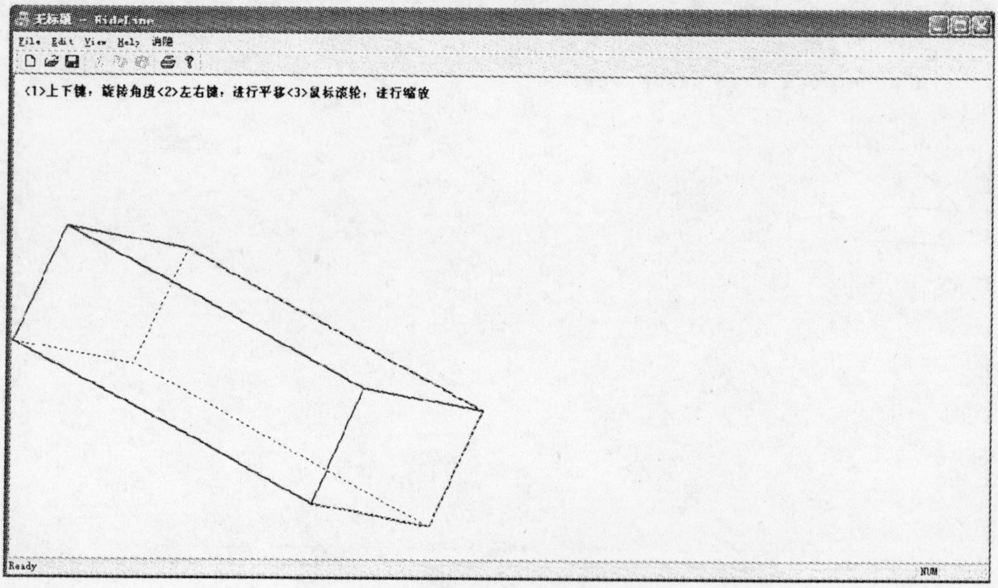

图 8.12　使用↑↓键旋转图形

附录一　C语言环境下画像素的方法

这里主要介绍在Turbo C环境下的图形程序设计，Turbo C提供了大量的图形函数，具有丰富的图形功能。其中，画像素的函数格式如下：

void far putpixel(int x,int y,int color);

此函数的功能是：在屏幕的(x,y)处用color指定的颜色画一像素。

Turbo C中的所有图形函数的原型均在“graphics. h”，所以在程序前面，要有一个包含图形库的头文件语句。要设置屏幕为图形模式，可用下列图形初始化函数：

void far initgraph(int far * gdriver, int far * gmode, char * path);

其中“gdriver”和“gmode”分别表示图形驱动程序和模式，“path”是指图形驱动程序所在的目录路径。“Turbo C”提供了退出图形状态的函数“closegraph()”，其调用格式为：

void far closegraph(void);

但在VC6环境中，不能直接使用上述图形库及初始化等函数，可以将Turbo C中的“graphics. lib”拷贝到VC6文件夹下的“Lib”文件夹内，将“graphics. h”拷贝到“Include”文件夹内，就可以像在Turbo C环境中一样使用上述图形库相关的函数了。

下面是一个用“putpixel()”函数画像素的例子，该程序的作用是在屏幕上随机显示100个像素点。

```
# include <graphics.h>

double drand()                          /* 产生随机数的函数    */
{
    return (double)rand()/32767;
}

main()
{
    int i,color=4;
    int gdriver=DETECT,gmode;  /*  driver—指定所要用的图形驱动程序，
                                   gmode—初始图形模式 */
    initgraph(&gdriver,&mode,"");   /* 初始化图形系统函数，将系统置为图形模式   */
    for(i=0;i<=100;++i)
    {
        putpixel((int)(drand() * getmaxx()),(int)(drand() * getmaxy()),color);
```

```
                    /* getmaxx(),getmaxy()—分别为返回屏幕的最大 X、Y 坐标 */
    }
    getch();
    closegraph();
}
```

附录二　OpenGL 环境下画图的方法

OpenGL 是一个三维图形学 API，具有很强的图形绘制能力，且与平台无关。Unix、Linux、Windows、Macintosh 下都可以使用 OpenGL 图形库。基于 OpenGL 进行图形程序开发时，可以选择 C、C＋＋、Java、Fortran、Python、Perl、Ada 等各种编程语言。一般来讲，更常用的可能就是 C 和 C＋＋了。

OpenGL 核心库与平台无关，着重在于渲染，并没有提供窗口和输入接口，从而避免了依赖于具体的窗口系统。除了核心库外，在 Windows 下基于 OpenGL 进行图形编程时，我们通常还会使用 OpenGL 实用库（GLU，OpenGL Utility Library）和实用工具库 GLUT（OpenGL Utility Toolkit）库来建立绘图窗口，包括打开窗口、鼠标和键盘交互、弹出菜单等。

OpenGL 是一个基于状态的系统，通过一组状态变量来决定物体的渲染模式。因此，OpenGL 提供的函数一般可以分为两大类：一类是用于生成基本形状，如点、折线、三角形等；另一类是用来改变状态的，如变换函数、属性操作函数等。OpenGL 提供的基本几何图元如图 1所示。

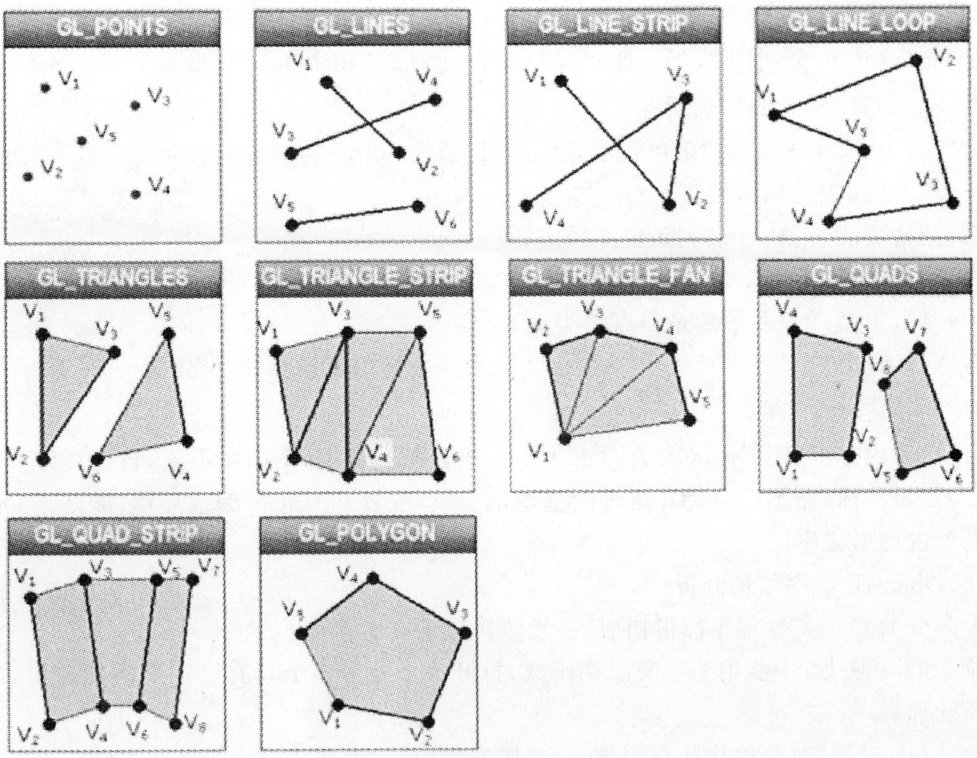

图 1　OpenGL 中定义的基本几何图元

主要包括绘制物体、启动光照、管理位图、纹理映射、动画等功能。经典的 OpenGL 绘制过程可分为定义图元、变换、裁剪、投影、光栅化以及基片操作 6 步。

(1)定义图元:在 OpenGL 中,图元主要是通过在函数"glBengin"和"glEnd"之间的一系列顶点定义而成。

(2)变换:每次变换相当于一次矩阵乘法,如平移、旋转、比例变换等。

(3)裁剪:如真正的照相机一般,把不在视景体中的对象从场景中裁剪出去。

(4)投影:根据观察者和三维对象的位置,将三维坐标转换成二维投影坐标,一般有透视投影和平行投影两大类。

(5)光栅化:将图元转换为二位图像,生成结果为基片。这一步主要是对帧缓冲区中的像素指定颜色。

(6)基片操作:包括 Alpha 测试、Stencil test、融合(blending)、逻辑操作等(Logic Op)。

OpenGL 的应用相当广泛,可用于游戏、CAD 设计以及各种 2D、3D 物体建模中。下面将通过一个简单的例子说明 OpenGL 环境下画图的基本方法。

1. OpenGL 环境配置

(1)OpenGL 核心库和实用库 Window 是操作系统自带的。

(2)对于 GLUT 实用工具库,Glut－3.7.6 是目前常用的 OpenGL 库版本,可从网上下载,或者由教师提供。

(3)首先,将 glut－3.7.6－bin.zip 解压。

(4)把"glut32.dll"复制到 %WinDir%\System32 目录下。

(5)把"glut32.lib"复制到 $(MSDevDir)\..\..\VC98\lib 目录下。

(6)把"glut.h"复制到 $(MSDevDir)\..\..\VC98\include\GL 目录下。

2. OpenGL 函数名称说明

如"glVertex3f(x,y,z)"函数所示,OpenGL 函数一般分为 5 部分:

(1)库名:gl 表示该函数属于 GL 核心库;

(2)函数功能名:Vertex 表示定义顶点;

(3)参数个数:3 表示 3 个参数

(4)参数类型:f 表示参数是浮点数类型。

"glVertex3fv(p)"中,"v"表示"vector",即顶点坐标由浮点指针"p"定义。

3. 实习实例

(1)实习内容:利用 OpenGL API 和 C＋＋语言画一副图,图内容不限,自己设计。

(2)实习目标:熟悉 OpenGL 编程的基本框架,会配置 OpenGL 编程环境,能基于 OpenGL 编写简单的图形程序。

(3)OpenGL 程序结构分析

大部分的 OpenGL 程序都很相似,一般包含以下 3 类函数:

a)"main"函数:主要用于定义回调函数,打开一个或者多个具有指定属性的窗口,进入事件循环处理程序;

b)"init()"函数:初始化状态变量,如视图参数、属性参数等;

c) 回调函数(callback):具体显示函数、输入以及窗口交互等;

(4)代码示例及分析，如图 2 所示。

```
# include <GL/glut.h>
void mydisplay()
{   glClear(GL_COLOR_BUFFER_
    BIT);
    glBegin(GL_POLYGON);
    glVertex2f(-0.5, -0.5);
    glVertex2f(-0.5, 0.5);
    glVertex2f(0.5, 0.5);
    glVertex2f(0.5, -0.5);
    glEnd();
    glFlush();
}
int main(int argc, char * * argv)
{   glutCreateWindow("simple");
    glutDisplayFunc(mydisplay);
    glutMainLoop();
}
```

图 2 图形显示结果

(5)代码示例 2 及分析。

```
# include <GL/glut.h>
# include <stdlib.h>
//global variables for information entered by the user
int vertexCount;
float oldX[3], oldY[3];
float newX[3], newY[3];
float red, green, blue;
int windowWidth, windowHeight;
void initialize()
{
      glClearColor(0.0, 0.0, 0.0, 0.0); //初始化背景色为黑色
      red=green=blue=1.0; //画笔颜色为白色
      //初始三角形顶点坐标
      oldX[0]=0.0;oldY[0]=0.75;
      oldX[1]=-0.75;oldY[1]=-0.75;
      oldX[2]=0.75;oldY[2]=-0.75;
      vertexCount=3;
}

void drawImage()
```

```
{   int i;
    glClear(GL_COLOR_BUFFER_BIT);
    glColor3f(red, green, blue);
    glLoadIdentity();
    glBegin(GL_POLYGON);
    for (i=0; i<3; i++)   glVertex3f(oldX[i],oldY[i], -5.0);
    glEnd();
    glFlush();
}

void reshapeWindow(int width, int height)
{   glViewport(0,0,(GLsizei)width, (GLsizei)height);
    windowWidth=width;
    windowHeight=height;
    glMatrixMode(GL_PROJECTION);
    glLoadIdentity():
    glFrustum(-1.0,1.0,-1.0,1.0,5.0,25.0);
    glMatrixMode(GL_MODELVIEW);
}

//鼠标处理函数
void handleMouse(int button, int state, int x, int y)
{   int i;
    if (button==GLUT_LEFT_BUTTON) && (state==GLUT_UP)
    {   if (vertexCount==3) vertexCount=0;
        newX[vertexCount]=2.0 * (float)x/windowWidth-1.0;
        newY[vertexCount]=1.0-2.0 * (float)t/windowheight;
        vertexCount++;
        if (vertexCount==3)
        {// new triangle done
            for (i=0;i<3;i++){ oldX[i]=newX[i];oldY[i]=newY[i];}
            glutPostRedisplay();
          }
      }
}

void handleKeyboard(unsigned char key, int x, int y)
{   switch (key)
    {   case 'r':
```

```
        case 'R':
            red=1.0;green=0.0;blue=0.0;break;
        case 'g':
        case 'G':
            red=0.0;green=1.0;blue=0.0;break;
        case 'b':
        case 'B':
            red=0.0;green=0.0;blue=1.0;break;
        case 'w':
        case 'W':
            red=1.0;green=1.0;blue=1.0;break;
    }
    glutPostRedisplay();
}

void main(int argc, char * * argv)
{   glutInit(&argc, argv);
    glutInitDisplayMode(GLUT_SINGLE | GLUT_RGB );
    glutInitWindowSize(300, 300);
    glutInitWindowPosition(50,50);
    glutCreateWindow("example");
    initialize();
    glutDisplayFunc(drawImage);
    glutReshapeFunc(reshapeWindow);
    glutMouseFunc(handleMouse);
    glutKeyboardFunc(handleKeyboard);
    glutMainLoop();
}
```

【基本要求】

(1)运行两个示例程序。

(2)在“handleKeyboard”函数中增加黄色、橙色等其他颜色

【提高要求】

(1)在“handleKeyboard”函数中增加对数字 3～9 的处理，这些数字代表下一幅图形的顶点数，并修改“hanleMouse”和“drawImage”函数，以处理这些额外的顶点。

参 考 文 献

[1] 北京工程图学学会. 计算机图学的数学基础[M]. 北京:人民教育出版社,1981.

[2] 陈建春. 矢量图形系统开发与编程[M]. 北京:电子工业出版社,2004.

[3] 陈元琰,张睿哲,吴东. 计算机图形学实用技术(2版)[M]. 北京:清华大学出版社,2007.

[4] 陈振初,蔡宣平. 计算机图形显示原理(软件)[M]. 长沙:国防科技大学出版社,1991.

[5] 高福文,李薇薇,李启虎. 计算机图形学[M]. 北京:北京师范大学出版社,1985.

[6] 和青芳. 计算机图形学原理及算法教程(Visual C++版)[M]. 北京:清华大学出版社,2006.

[7] 罗振东,廖光裕. 计算机图示学原理和方法[M]. 上海:复旦大学出版社,1993.

[8] 苗雪兰,刘瑞新,宋歌. 计算机图形学理论与应用技术[M]. 北京:机械工业出版社,2007.

[9] Peter Shirley. 计算机图形学基础(2版)[M]. 高春晓,赵清杰,张文耀,译. 北京:人民邮电出版社,2007.

[10]孙家广,胡事民. 计算机图形学基础教程(2版)[M]. 北京:清华大学出版社,2009.

[11]魏海涛,计算机图形学(2版)[M]. 北京:电子工业出版社,2007.

[12]徐长青,许志闻,郭晓新. 计算机图形学(2版)[M]. 北京:机械工业出版社,2010.

[13]熊歆斌. Visual C++程序设计培训教程[M]. 北京:清华大学出版社,2002.

[14]朱方生,李订芳. 计算机图形学[M]. 武汉:武汉大学出版社,2005.

[15]张怡芳,李继芳,柴本成. 计算机图形学基础及应用教程[M]. 北京:机械工业出版社,2008.

[16]Donald Hearn, M. Pauline Baker. 计算机图形学(英文版)(3版)[M]. 北京:电子工业出版社,2004.

[17]Donald Hearn, M. Pauline Baker. 计算机图形学(3版)[M]. 蔡士杰,宋继强,蔡敏,译. 北京:电子工业出版社,2005.

[18]Edward Angel. Interactive computer graphics, a top-down approach with OpenGL(4th ed.)[M]. Boston:Addison-Wesley. 2000.

[19]Jeffrey J. McConnell. Computer graphics theory into practice[M]. Massachusetts:Jones and Bartlett Publishers,2006.

[20]The OpenGL Programmer's Guide (The Red Book). http://www.rush3d.com/reference/opengl-redbook-1.1/.

[21]The OpenGL Reference Manual (The Blue Book). http://www.rush3d.com/reference/opengl-bluebook-1.0/.